건축공간의 이해

조창한 저

차례

머리글 - 건축공간의 이해

공간이란 지적 영역의 폭이 좁았던 옛날 사람들에게는 초인적 신의 섭리가 작용하는 신비로움이었다. 고대인은 공간을 성(聖)과 속(俗)의 개념으로 구분하였다고 엘리아데(Mircea Eliade, 1907-1986)는 말한다.[1] 그는 신정(神政) 시대의 세계는 성스러운 공간을 중심으로 그 주변에 속된 공간으로 나누어졌다고 보았다. 이런 구분은 어디까지나 성스러움의 인식이나 체험을 통한 것이다. 당연히 고대인들은 모든 도시와 주거를 세계의 중심에 두면서, 그 건설은 속된 공간과 시간을 폐지하고 성스러운 공간을 만들어 새롭게 시작하여야만 가능하다고 생각하였을 것이다. 이런 성스러운 공간 또 성스러운 장소에서, 그들은 신과 교제할 수 있다고 생각했을 것이다. 이러한 고대인들의 공간개념은 샤머니즘의 성격을 지닌다. 물론 고대인의 이런 공간개념은 추상적 사고로서 철학자나 과학자의 영역에 속하는 것이기도 하다.

정작 공간을 만드는 건축가들이 공간개념을 문제 삼기 시작한 것은 근세의 일이었다. 까닭은 두 가지 점에서였다. 첫째는 19세기 이전의 건축가는 주로 장인이었기에 형이상학적 주제에는 관심이 없었고, 둘째로 근대 이전의 공간개념은 지적 직관의 세계에 속해서 예술이나 형이상학적 개념으로 독자적으로 생각되지 않았기 때문이다. 그런 실례를 우리는 칸트(Immanuel Kant, 1724-1804)에서 볼 수 있다. 18세기 말 그는 공간을 인간 주관의 선천적 직관 형식으로 고려하였을 뿐 공간과 시간은 물(物) 자체는 아니어서, 단지 나의 내부에 있는 표상(表象) 방식에 지나지 않는다고 하였다.[2]

사실 건축가가 이론으로 무장하기 시작한 것은 근세의 일이었다. 우리는 알베르티(Leon Battista Alberti, 1404-1472)의 시대까지 건축가가 집필한 건축서는 비트루비우스(Marcus Vitruvius Pollio, B.C. 30-20 활동)의 것뿐이었음을 알고 있다. 게다가 르네상스 이후 건축가들이 철학적 논의에 숙련되기 시작하였어도 공간과 같은 것은 문제조차 삼지 않았다. 공간개념을 의식적으로 인지한 사람들은 독일의 이론가 힐데브란트(Adolf von Hilde

---

1) M. Eliade, The Sacred and the Profane, 1956 ; 이동하 역, 성과 속, 학민사, 1983, pp.17-24.
2) I. Kant, Kritik der Urteilkraft, 1790 ; 이석윤 역, 판단력 비판, 박영사, 1974, p.257.

brand, 1847-1921)와 슈마르조브(August Schmarsow, 1853-1936)였다.[3] 그 공간개념은 베를라헤(Hendrik Petrus Berlage, 1856-1934)와 같은 기능주의 건축가와 직접 연관을 맺고 있었다. 더욱 아인슈타인(Albert Einstein, 1879-1955)의 상대성 이론도 시대정신과 의지의 자연스러운 결과로 받아들여졌다. 그러나 한편 그 영향을 거부했던 표현주의운동조차 데 스틸(De Stijl)과 신즉물주의(Neue Sachlichkeit)의 성공으로 사라지게 되었다. 그뿐만 아니다. 그로피우스(Walter Gropius, 1883-1969)는 공간개념을 바우하우스의 예술 연구의 핵심으로 삼았다. 그것은 모홀리-나기(Laszlo Moholy-Nagy, 1895-1946)의 시공간의 이론에서, 또 1920년 끝 무렵 라이트(Frank Lloyd Wright, 1867-1959)도 받아들이면서 절정에 이르렀다.[4]

공간개념은 1950년 말에 새로운 국면을 맞았다. 새로운 도시계획의 확장에 대한 CIAM[5] 선언문이 발표된 30년 후였었다, 데 스틸과 바우하우스의 공간개념 그리고 시·공간은 소외된 형식 미학으로서 새로운 전위 건축가들에 의해 비판받기에 이르렀다. 그 후 시·공간 개념은 실존 철학의 영향으로 점차 배척되었다. 이때 오랫동안 거부되었던 아리스토텔레스(Aristoteles, B.C. 384-322)의 장소 이론이 인간 실존과 관련되어 다시 받아들여졌다. 그리하여 이전의 유물론적 공간개념과 대체된 실존적 장소 이론이 볼노브(Otto Friedrich Bollnow, 1903-1991)와 노르베르그-슐츠(Christian Norberg-Schulz, 1926-2000)[6] 등에 의해서 연구되기 시작하였다. 여기에서 '나의 삶' 의 구체적 터전을 문제 삼기에 이르렀다.

한편, 동양에서의 공간에 대한 이해는 시대에 따라 크게 다르지 않았다. 논의 역시 활발치 않았다. 공간에 대한 관심 부족 때문은 아니었다. 까닭은 고대 동양인들의 사고에 큰 영향을 미친 도가(道家) 사상을 저항 없이 받아들인 것에 있었다. 도의 터득 과정에서 얻은 결과였다. 사실 도가 사상의 도(道)는 인간의 감각이나 인식을 초월한 무상무상(無狀無象)으로 그 사상을 체계화한 노자(老子 B.C. 604-531)의 도덕경(道德經) 속에 반복되어 있다. 그것은 자연의 섭리를 법칙의 형상으로 나타낸다. 노자는 사물의 외형 형상은 그 자체가

---

3) A. Hildebrant, Das Problem der Form in der Bildenden Kunst, 1893 ; 조창섭 옮김, 조형미술의 형식, 민음사, 1989; A. Schmarsow, Grundbegriffe der Kunstwissenschaft, 1905.

4) Cornelis van de Ven, Space in Architecture, 1978 ; 고성룡 역, 건축의 공간개념, 씨아이알, 2019. p.311.

5) 근대건축국제회의(Congres Internationaux d'Architecture Moderne) 줄인 말로, 1928년부터 1959년까지 있었던 건축가들의 조직.

6) Otto Friedrich Bollnow, Mensch und Raum, 1963 ; 이기숙 옮김, 인간과 공간, 에코리브르, 2011. C. Norberg-Schulz, Existence, Space and Architecture, 1971 ; 김광현 역, 실존 · 공간 · 건축, 태림문화사, 1985.

아니며 무형의 비어있음에 그 본질이 있다고 주장한다. 거기에는 자연과 조화코자 하는 고대 동양인의 자세를 잘 나타내고 있다. 공간의 이해가 그렇다.

'건축공간의 이해'는 건축의 궁극적 실체인 공간을 품기 위하여 인간이 자신은 물론 주변의 사물을 어떻게 받아들였는지를 되돌아보는 것에서 시작한다. 공간은, 인간에 관한 모든 분야와 연관되어서, 인문 사회는 물론 자연과학의 주제일 뿐만 아니라 예술의 핵이다. 이 글을 통해 공간의 궁극적 실체인 건축에 보다 가까이 다가갈 수 있길 바란다.

I
여명기의 건축공간

1. 동양의 전통적 건축공간 인식

건축의 본질인 공간의 실체는 우리가 볼 수 없고 만질 수도 없다. 그 본질은 무형의 것이기에 유형적 현상 세계를 주로 다루고 있는 서양사상보다 무형의 개념을 깊이 다루는 동양 사상에서 찾아보는 것이 훨씬 수월하다.

중국, 한국, 일본 등 동아시아 사람들에게 지대한 영향을 준 사상은 유불선(儒佛仙), 즉 유교, 불교, 도교이다. 이는 서구 정신사의 뿌리인 기독교 사상의 근원이 유대교와 그리스 철학과도 같다. 동양 문명이 꽃피웠을 때는 이들 삼교가 서로의 장점을 취해 소통을 모색했던 시기였다. 이렇듯 유불선 삼교가 서로 융합의 길을 모색할 때 정신적 문화의 성숙을 이룰 수 있었다. 10세기를 전후해서는 중국에서 당과 송, 한반도에서는 고려가 사상 간의 갈등 없이 문화의 성장을 이루었다. 그 배경에는 성인(聖人)을 추구하는 유교, 신선(神仙)을 수양 목표로 삼은 도교, 깨달음(佛陀:불타)을 지향하는 불교가 서로 방법론적 소통을 추구하였기에 가능하였다.

동양사상은 객관적이고 분석적이며 합리적 표상으로 설명되지 않는다. 노자, 장자(莊子, B.C. 365-290)의 언어, 불가의 언어, 그리고 성리학의 인문학적 용어들은 문학적 표현의 시적 언어로 표현되고 있다. 은유의 달인이 사용하는 시인의 언어이다. 때문에 서구적 서술에 길들어진 이들에게는 익숙지 않을 수 있다. 은유는 단순한 수사기법이 아니다. 창조적 삶을 이루는 뛰어난 서술이다.

우주의 생성 과정에 관해서 중국에는 하나의 보편적 이론이 있었다. 그것은 아마도 신화적 기원을 가졌을 것으로 추정될 뿐이다. 그 이론은 세계가 형성되기 이전에 원초적 물질인 기(氣)가 혼돈의 상태에 존재하고 있었다고 알려준다. 그것은 맑고(清) 가벼운(輕) 기와 탁(濁)하고 무거운(重) 기로 나누어져, 맑고 가벼운 기는 떠올라 하늘(天)이 되고 무거운 기는 가라앉아 땅(地)이 되었다 한다. 이렇게 하늘과 땅에 존재했던 두 기의 작용이 형성되었다. 표현에 있어서나 세부 과정에 대해서 많은 설명이 생겨났지만, 그 골격은 대체로 같다. 특히 "맑고 가벼운 것이 위로 올라가 하늘이 되고, 탁하고 무거운 것은 아래로 내려와 땅이 되었다(靑輕者上爲天, 濁重者下爲地 : 列子, 天瑞編 [2])"는 두 구절이 그러하다. 어떤 의미에서 중국의 우주생성 이론의 역사는 이 구절에 대한 해석의 역사 혹은 거기에 살을 붙이는 역사였다고 해도 좋을 것이다.7)

서양철학이 진리를 실천하는 학문이라면 동양사상은 도(道)를 체득하고 실천하는 학문이라고도 한다. 도는 어떤 의미에서 진리와 동일하다고 할 수 있다. 그러나 진리는 지식의 대상으로 덕성과 의지가 동시에 작용하여 얻어진다. 동양사상은 기원전 5세기경 춘추전국시대에 살았던 위대한 사상가 노자의 도가(道家)사상과 공자(孔子, B.C. 551-479)의 유교사상이 뚜렷한 철학 유파로 발전되어, 후주(後周, B.C. 500-221) 시대 절정에 이르렀다. 그 후 1세기경 불교가 중국에 전해지자 이들 사상은 상호 보완적 측면을 지니게 되었다. 도는 도가사상의 핵심 개념이며 최고의 가치를 지닌다. 도가사상은 시간 공간개념을 다루고 있으므로 건축공간 연구에도 적절하다.

동양에서는 예부터 시간과 공간을 함께 생각하였다. 우리는 언어에서도 그 증거들을 본다. 우주(宇宙)라는 말은 공간을 의미하는 우(宇)와 시간을 뜻하는 주(宙)의 복합어이다. 그것은 상하사방(上下四方)의 공간을 의미하는 우(宇)와 왕래고금(往來古今) 즉 시간을 가리키며 주(宙)라 하였다. 이렇게 우와 주를 합쳐 우주라 하면 곧 시공간 연속체가 된다. 세계(世界) 역시 시공간 연속을 표현한다. 즉 세(世)는 시간, 계(界)는 공간을 의미한다. 사물(事物) 또한 시간적으로 있는 것이 사(事)이고, 공간적으로 있는 것이 물(物)이다.

노자의 우주관에 따르면 이 우주는 '도(道)'로 가득 차 있다. 노자는 도를 '비움(虛)'이라 하고, 달리 표현하여, 없음 '무(無)'라고 한다. 노자의 도는 우주의 만물을 산출하는 배후의 힘을 가리킨다. 이 도의 작용에 의해 포착할 수 없었던 것이 우리에게 포착될 수 있는 것으로 바뀌게 된다. 전자가 무(無), 후자가 유(有)이다. 즉, 절대적 없음에서 만물의 존재가 나오는 인과적 관계가 아니다. 노자는 도의 작용이 있기 전, 파악할 수 없는 것을 무(無)라 하고 파악할 수 있는 것을 유(有)라고 한다. 이렇듯 노자의 무와 유는 서로 의존하는 상관관계이다. 뿐만 아니라 무가 유가되며 유가 무가되기도 하는 순환관계가 되기도 하다.

---

7) 山田慶兒, 朱子の自然學, 1977 ; 김석근 옮김, 주자의 자연학, 통나무, 1991, pp.31-35.

그림 1. 태극도: 음과 양의 상징. 음양의 역설적인 특성은 태극도라 불리는 상징으로 도해되고 있다. 이 도표는 어두운 음과 밝은 양이 대칭적으로 배열된 것이지만 이 대칭은 정적인 것이 아니다. 이것은 부단한 순환 운동을 강하게 암시하는 회전적인 대칭이다.

도가사상은 노자에서 후계자인 장자로 이어진다. 도가의 중요한 깨달음 중 하나는 자연의 본질적 모습을 변용과 변화라고 본 것이다. 그들은 자연 속의 모든 변화를 양(陽)과 음(陰)이라는 양극간의 역동적 상호작용이 빚어낸 것으로 보았다. 이 음양의 개념은 매우 오래되었다. 그것은 한 쌍의 원형인 음과 양의 상징에 대해 여러 세대에 걸쳐 연구되었다. 음양론은 동양 문화에 두루 퍼져서 동양적 생활양식의 모든 특성을 결정지은 중요한 중심사상이 되었다.(그림 1)

노자는 "그 수컷 됨을 알면서도 그 암컷 됨을 지키면 천하의 계곡이 된다"8)고 말한다. 이와 같은 음양의 개념 위에서 도가는 어떠한 대립 쌍도 그 극 가운데 하나가 다른 하나에 역동적으로 연관되는 극관계를 성립시킨다고 생각하였다. 이런 대립자의 잠재적 통일이라는 개념을 서양의 방식으로는 받아들이기 어렵다. 다시 말해서 우리가 모순된다고 믿어왔던 경험이나 가치가 궁극적으로 동일체의 양면일 수밖에 없다는 사실은 서양인에게는 대단히 역설적으로 보일 것이다. 그렇지만 동양에서는 이와 같은 모순을 세속의 대립을 넘어 당연하게 이해해 왔다. 세계관의 근원적 통찰 덕분이다.

대립자란 사고의 영역에 속하는 추상적 개념이요, 그것은 상대적이다. 도가는 사물의 개별성을 인정하면서 동시에 그 모든 개별성의 상이점과 대비점들 일체를 포용하는 상대성도 잘 알고 있었다. 이것을 노자의 후계자인 장자는 이렇게 말한다. "이것이 곧 저것이요, 저것이 곧 이것이다 ... 이것을 갈라놓을 수 없는 것을 도의 요체라 한다. 문짝의 지도리(樞)는 고리 속에 끼워져야 무궁에 응할 수 있다. 시(是)도 또한 하나의 무궁이요 비(非)역시 하나의 무궁이다."9) 또 이어서 장자는 제물론(齊物論)의 물화(物化) 이야기10)에서 관조자의 온 정신이 완전히 일개 대상 속으로 흡입될 때, 그 하나의 대상은 바로 존재의 일치가 되는 것이라고 말한다. 여기서 우리는 한정을 초월하여 대상과의 일치에서 도를 찾고

8) 知其雄, 守其雌, 爲天下谿. : 도덕경 28장

자 하는 사상을 볼 수 있다. 이것은 물리학에서 절대공간과 절대 시간을 부정하고 처음으로 관찰자의 입장을 도입한 상대성 이론과 매우 유사하다는 것을 알 수 있다. 이처럼 고대 동양의 철학자들은 상대성 이론의 기본 태도와 같은 입장을 이미 취하였으며, 공간과 시간을 다른 모든 지적 개념들처럼 상대적, 제한적, 환상적인 것으로 취급하였다.

장자는 이렇게 실재하는 현실 자체가 아니라 사고의 모든 변형을 상대적 관점에서 발전시켰다. 이 논제는 그의 추수론(秋水論)에 훌륭하게 표현되어 있다. 즉 "우물 속의 개구리는 바다를 말할 수 없으니 우물에 갇혀있기 때문이요, 여름에만 사는 벌레가 얼음에 대하여 말할 수 없는 것은 자기가 사는 여름만 시절인 줄 굳게 믿기 때문이며 ... 그래서 천지가 싸라기만 하다는 것을 알고, 털끝이 언덕이나 산만하다는 것을 안다면 대소의 차가 상대적이라는 것을 알 것"[11] 이라고 말한다. 여기에서 우리는 고대 동양인이 생각했던 공간의 상대성 그리고 공간을 유한한 것으로만 한정하지 않고, 시간도 절대적인 것으로만 생각지 않았던 것을 볼 수 있다. 이렇게 동양의 중국철학은 서양 그리스 철학과는 달리 항상 공간과 시간이 마음의 구성물이라는 것을 주장해 왔다.

동양 신비주의 직관은 대부분의 그리스 철학자들의 견해보다는 현대의 과학적 견해에 훨씬 부합되고 있다. 그 이유 중의 하나가 바로 동양인들의 시간 지향적 직관 때문이다. 전체적으로 보아서 그리스 자연 철학은 본질적으로 정적이고 기하학적 사고방식에 기반을 두며 지극히 절대론적이다. 그 영향은 너무 커서 현대물리학의 상대론적 모델 문제를 대할 때에는 개념적 곤경을 겪게 한다. 반면 동양철학은 시공간의 철학이다. 동양인의 직관은 오히려 현대의 상대성 이론이 함축하는 자연관에 밀접하게 접근되어 있다.[12] 동양인은 시간과 공간을 분별하여 생각하지 않는다. 그러므로 시간의 흐름을 어떠한 점에 멈추게 한 공간의 취급은, 예를 들어 서양의 투시도나 음영도법을 동양에서는 찾아볼 수 없

---

9) 是亦彼也, 彼亦是也 ... 彼是莫得其偶, 調之道樞. 樞始得其環中, 以應無窮. 是一無窮, 非亦一無窮. : 장자 2장, 齊物論

10) 만물을 절대 근원의 하나로 바라보는 이론인 장자 제물론의 물화 이야기인 호접지몽(胡蝶之夢). 전에 장주(莊周)는 꿈에 나비가 되었다. 훨훨 나는 것이 분명히 나비였다. 스스로 즐겁고 뜻대로 나비가 된 것인지를 알지 못했다. 장주와 나비는 반드시 구분이 있을 것이니 이를 물화(物化, 사물의 변화, 끝없는 유전)라고 한다. : 胡蝶之夢爲周與, 周與胡蝶 則必有分矣, 此之謂物化. : 莊子 2장, 齊物論

11) 井鼁不可以語於海者, 拘於虛也. 夏蟲不可以語於冰者, 篤於時也 ... 知天之地爲稊米也, 知豪末之爲丘山也, 則差數睹矣. : 장자 17장, 秋水

12) Fritof Capra, The Tao of Physics, 1975 ; 이성범, 김용정 역, 현대물리학과 동양사상, 범양사, 1979. p.203.

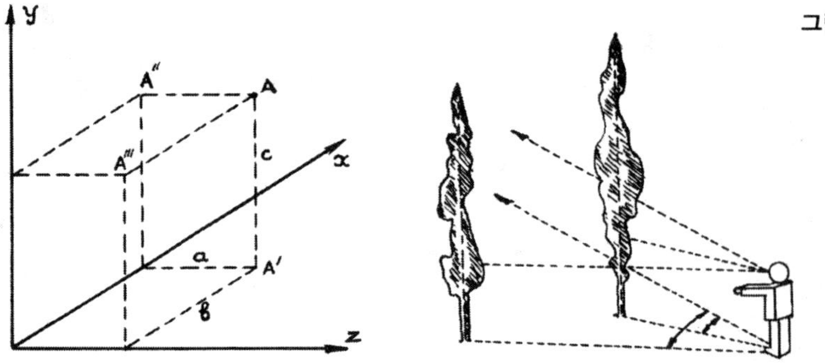

그림 2. 직교 좌표와 극좌표

다. 그것들은 관념상의 일뿐이어서 현실에는 없는 거짓된 공간으로 생각하였기 때문이다. 대신 오래전부터 보는 사람의 눈이 이동하는 화법인 삼원법(三遠法)[13]이 사용되었다. 이런 맥락에서 동양의 기하학적 개념 역시 자연의 절대적이고 불변하는 특성이 아니라 지성의 구성물이었다. 때문에 고대 동양에서 기하학은 서양에서 누렸던 것과 같은 지위를 확보할 수 없었다. 그렇다고 동양인이 그것에 관해 전혀 모르고 있었음을 의미하지는 않는다. 동양인은 그것을 매우 광범위하게 사용하였다. 예컨대 정밀한 기하학적 형상의 제단을 짓는다든지, 땅을 잰다든지, 천체를 그릴 때는 사용했지만, 결코 추상적이고 영원한 진리를 규정하는 데는 이용하지 않았다.[14] 한국 고전건축에서는 더욱 두드러진다. 특히 두 개의 좌표체계를 함께 사용한 사찰의 공간구성이 그렇다. 개별 건물들은 직교좌표체계의 바탕에서 구축되었으나, 건물들의 전체 배치는 주변 환경과의 관계를 우선하여 극좌표체계로 이루어졌기에 그러하다.[15] (그림 2. 극좌표와 직교좌표, 그림 3. 동양의 삼원법)

그림 3. 정선(鄭敾), 인왕제색도. 좌측 하단부터 우측 하단까지 삼원법(심원–평원–고원)의 적용

---

13) 15세기 서양의 르네상스 시대의 원근법 이전에 동양에서는 삼원법(三遠法)이 7~8세기경부터 출현하기 시작하여 11세기 북송(北宋)의 화가 곽희(郭熙, 1023-1085)에 의해 정리된 이론을 수립하였다. 즉, 산 밑에서 그 산이마를 올려다보고(고원, 高遠), 산 앞에서 산 뒤를 엿보고(심원, 深遠), 산 가까이에서 먼 산을 바라보는(평원, 平遠) 화법이다.

14) Fritof Capra, 앞의 책, p.190.

15) 조창한, 한국사찰과 희랍신전의 건축공간 구성 비교, 서울대학교 박사학위논문, 1985 : 기하학의 용어로 굳이 표현한다면 극좌표체계라고 할 수 있는데, 이에 대해 안영배는 쥘부채(접선, 摺扇)꼴로 전개되는 건축공간이라고 불렀다. : 건축공간론, 대한건축학회, 기문당, 2003. p.174.

도는 강요되어 움직이는 것이 아니라 자연스럽게 자발적으로 일어난다. 음양의 상대적 변화 개념을 두고 얘기할 때도 그러하다. 그 변화가 어떤 힘의 결과로 일어나는 것이 아니라 모든 사물과 상황 속에 내재하는 경향으로 보인다는 사실을 깨닫는 것이 중요하다. "사람은 땅을 본받고, 땅은 하늘을 본받고, 하늘은 도를 본받는데, 도는 스스로 그러함을 본받을 뿐(스스로 그렇게 된 것)"[16] 이라고 말한다. 이러한 동양인이 자연관은 유불선 사상의 영향으로 이루어졌다. 불가는 불살생의 계율과 대자대비의 교리에 따라 인간의 허망한 자연 착취의 욕심을 버리라고 한다. 유가(儒家)는 천지인(天地人)의 합일을 말한다. 이러한 가르침 속에는 도가사상의 영향은 컸다.

이런 '자발성' 은 도의 행동 원리이고 인간의 행위는 도의 작용을 본뜨는 것이다. 자발성은 인간 행위의 특성이기도 하다. 그러므로 도가의 행위는 그의 직관적 지혜 속에서 자발적으로 우러나와 그의 환경과 조화를 이룬다. 그는 자기 주변의 어떤 것도 강제할 필요가 없다. 다만 도의 운동에 자기의 행위를 순응시켜 나갈 따름이다. 이런 행동 방식을 도교 철학에서는 무위(無爲)라고 부른다. 무위를 아무것도 하지 않는 것으로 이해하기 쉽다. 그러나 노자가 말하는 무위는 아무것도 하지 않는 것이 아니다. "꾸미거나 속이거나 순리에 맞지 않게 억지로 하지 말라"는 뜻으로 보아야 한다.

무위는 진실을 드러내는 아름다움을 위한 본연의 모습을 추구한다. 그것은 변화하지 않는 것, 무상의 도리로 구현한 만상의 독자성을 잃지 않는 자연 상태의 세계를 말한다. 또 그것은 만상인 동시에 근원적 단일의 원래 상으로 돌아가는 하나이다. 때문에 특정한 이름을 지을 수 없어 '없음으로 이루어졌다' 고 말할 수 있는 '무위' 라고 한다. 이 용어의 글자 뜻은 비행동을 의미한다. 니덤(Joseph Needham, 1900-1995)은 이것을 '자연에 반(反)하는 행동을 삼가는 것' 으로 번역하고 있다.[17] 그 뜻은 장자의 말, "인위(人爲)로서 자연을 멸하지 말지라"[18] 의 구절에서 뚜렷하게 알 수 있다. 만일 사람이 자연에 어긋나는 행동을 삼가고, 니이담이 말한 것처럼, 사물의 본성에 거스르지 않으면, 사람은 도와 조화를 이루게 될 것이다. 그래야 사람의 행동은 성공할 수 있게 될 것이다. 이것이야말로 노자의 가

---

16) 人法地, 地法天, 天法道, 道法自然. : 도덕경 25장
17) Joseph Needham, Science and Civilization in China, 1956 ; 이석호, 이철주, 임정대 역, 중국의 과학과 문명, 을유문화사, 1991, p.98.
18) 無以人滅天 : 장자 17장. 秋水

르침 즉, "도는 늘상 함이 없으면서도, 하지 않음이 없다"[19]는 말이 뜻하는 것이다. 이러한 무위를 가장 잘 보여주는 것이 자연이다. 따라서 무위와 자연은 동전의 양면처럼 서로 연결되어 있다. 노자는 자연 중에서도 물을 대표적 예로 들고 있다. 자연은 아무것도 하지 않는 것이 아니라 아무것도 하지 않는 것처럼 보일 뿐이다. 하지만 실제로는 모든 것이 제대로 무리 없이 순서대로 균형 있게 이루어지고 있는 것이 바로 자연(自然)[20]

노자는 자연에서 모든 사물의 생성과 변화 그리고 소멸 모두가 그 결과는 항상 합목적성을 지니고 있음을 깨달았다. 자연은 의도적으로 무엇인가를 추구하거나 달성하려고 하지 않지만 모든 것을 성취한다. 노자는 이렇게 목적이나 고의가 없이 자연에 따라 이루어지는 행위를 '무위이무불위(無爲而無不爲)'라 한다. 노자는 성장을 살아 있는 모든 것의 기본 기능이라고 본다. 때문에 완결된 것이나 완전한 것 또는 성장할 수 없거나 변할 수 없는 것은 무엇이든 죽은 것으로 정의한다. 삶과 자연의 기능에 대한 노자의 이념은 분명하다. 그는 모든 것은 무에서 시작되어 불완전에서부터 충만한 성숙을 향하여 성장되고, 다시 그로부터 퇴화하게 된다는 것이다. 노자는 "채워질 수 있는 여유 공간이 없다면 계곡은 말라버릴 것이고, 만물을 자라게 하는 것 없으면 사라질 것"[21] 이라고 말한다. 이런 관점에서 노자는 실재를 보는 방법을 선택하였다. 그것은 존재의 긍정적 면과 부정적 면을 함께 기꺼이 받아야 하며, 완성시키는 일은 자연의 섭리에 맡겨야 하는 방법이다.[22]

주목해야 하는 것은 사물 속에 있는 이 무형적 내용은 비록 물질적으로 실현되지 않을지라도 실체적인 것으로 간주한다는 사실이다. 노자는 이것을 무형적 형태 또는 만져도

---

19) 도는 늘상 함이 없으면서도, 하지 아니함이 없다. 제후와 제왕이 만약 이를 잘 지킨다면, 만물이 장차 스스로 교화될 것이다. 그러나 교화와 더불어 또 욕망이 치솟을 것이다. 그러면 나는 무명의 통나무로 그것을 누를 것이다. 무명의 통나무는 대저 또한 욕망이 없을지니, 욕심내지 아니하면서 고요하면, 천하가 스스로 질서를 찾아갈지니 (道常無爲, 而無不爲. 侯王若能守之, 萬物將自化. 化而慾作, 吾將鎮之以無名之樸. 無名之樸, 不亦將無欲. 不欲以靜, 天下將自定) : 도덕경 37장

20) 도덕경의 자연은 현대어의 자연과는 달리 명사가 아니다. "스스로 그러하다"는 뜻이다. 예를 들어 도덕경 주해에 "天地任自然"이라는 말이 있는데, 천지는 현대어의 자연(nature)이고 "자연"은 "스스로 그러하다" 하는 뜻이다. 이를 현대어로 옮기면 "자연은 스스로 그러함에 있다"는 뜻이다. 한편 유럽 여러 언어에서 자연을 뜻하는 낱말은 라틴어의 nātūra를 어원인 "낳아진 것"이라는 뜻으로, 희랍어 ψύσις 의 번역어로 채택되어, "본성" 즉 우주나 동물, 인간 등의 본질을 가리키는 낱말이다. 현재 우리가 쓰고 있는 자연이란 낱말은 서구의 nātūra의 번역어이다. 거기에는 중세 기독교 신학에서 비롯된 인간에 의해 정복되어야 할 것이라는 관념과 17세기 과학혁명 이후의 자연주의적 관점 등이 함께 혼합되어있다. : 교양국어, 고려대학교출판부, 1999, pp. 224-225.

21) 谷無以盈, 將恐竭; 萬物無以生, 將恐滅; : 도덕경 39장

22) A.I.T. Chang, The Tao of Architecture, 1956 ; 윤장섭 역, 건축공간과 노자사상, 기문당, 1985, p.13.

만져지지 않는 현상이라고 다음과 같이 지적하고 있다. "보아도 보이지 않는 것을 일러 '이(夷)' 라 하고, 들어도 들리지 않는 것을 일러 '희(希)' 라 하고, 만져도 만져지지 않는 것을 일러 '미(微)' 라 한다. 이/희/미 이 셋은 꼬치꼬치 캐물을 수 없다. 그러므로 뭉뚱그려 하나로 삼는다. 그 위는 밝지 아니하고, 그 아래는 어둡지 아니하다. 이어지고 또 이어지는데 이름할 수 없도다. 다시 물체 없는 데로 돌아가니 그를 일컬어 모습 없는 모습이요, 물체 없는 형상이라 한다. 이를 일컬어 '홀황(惚恍)하다' [23] 한다. 앞에서 맞이하여도 그 머리가 보이지 않고, 뒤에서 따라가도 그 꼬리가 보이지 않는다. 옛 도를 잡아 오늘의 있음을 제어한다. 능히 옛 시작을 파악하니 이를 일컬어 '도의 실마리' 라 한다." [24]

여기서 '모습 없는 모습이요, 물체 없는 형상' 이라는 표현은 노자의 역설을 잘 표현하고 있다. 모습이 없으면 모습일 수 없다. 그런데 노자는 모습 없는 모습을 말한다. 물체가 없으면 형상을 말할 수 없다. 그러나 노자는 물체 없는 형상을 말한다. 어느 하나에 치우칠 수 없음이다. 이것은 현대 양자역학 이론에서 말하는 제 현상을 생각해 보면 쉽게 이해할 수 있다. 없는 것이 곧 있는 것이요, 있는 것이 곧 없는 것이다. 이것은 사물이 일단 유형적 종점에 도달하게 되면 성장의 잠재력이 고갈하게 된다는 것이다. 무형적 요소는 더욱 발전하기 위한 거의 제약 없는 변화 가능성을 주는 것임을 노자는 입증하고 있다.[25] 이런 생각에서 노자는 유와 무를 하나의 개념으로 결합시켰다. 그것은 인간 문명의 모든 발전을 통해서 의연히 증명된 개념이기도 하다. 실제로 서로 대립하는 원리의 결합은 건축공간 미학에서도 생명력 있는 구조이다.

노자뿐 아니라 많은 종교에서 궁극 실재에 대해 이야기할 때, 그것이 '무엇이다' 는 긍정적 표현보다는 '무엇일 수 없다' 는 부정적 표현을 더 많이 쓴다. 힌두교에서 궁극적 실재인 브라만(Braman)을 이야기할 때 쓰는 '이것일 수도 저것일 수도 없다(neti neti)' 는 표현이 그렇다. 토마스 아퀴나스(Thomas Aquinas, 1225?-1274)도 "신에 대하여 알 수 있는 유일한 사실은 우리가 신에 대하여 아무것도 알 수 없다는 것뿐"이라고 했다. 이렇게 긍

---

23) 우리가 일상에서 쓰는 '황홀' 이라는 말은 노자의 도덕경에서 유래되었다. 황홀과 홀황은 중복되는 의미의 형용사적 단어 배열의 문제일 뿐 같은 표현이다.

24) 視之不見, 名曰夷; 聽之不聞, 名曰希; 博之不得, 名曰微. 此三者, 不可致詰, 故混而爲一. 其上不皦, 其下不昧. 繩繩不可名, 復歸於無物. 是謂無狀之狀, 無物之象. 是謂惚恍. 迎之不見其首, 隨之不見其後. 執古之道, 以御今之有. 能知古始, 是謂道紀. : 도덕경 14장

25) A.I.T. Chang, 앞의 책, p.16.

극 실재를 부정적으로 표현하는 '부정의 길(via negativa)'은 오히려 긍정의 적극적 강조다. 도의 근본 자리는 결국 없음(無)의 세계다. 그러나 도는 그 자체 형상도 없고 모양도 없지만 모든 형상, 모든 모양을 가능하게 하는 형상 자체이며 모양 자체다.

한편 주자(朱子, 朱熹, 1130-1200)는 자연 세계를 구성하는 물질의 토대를 기(氣)라 부른다. 기는 형이상의 존재인 리(理)와 함께 그의 존재론의 기초개념이며, 일기(一氣) · 음양(陰陽) · 오행(五行)이라는 세 가지 범주에 의해서 파악되는 포괄적 존재 개념이다. 지금은 그것을 사상(捨象)시켜 두고, 존재론적 관점에서 말한다면, 기는 '물질=에너지' 혹은 에너지를 내재한 물질이며, 일기 · 음양 · 오행은 생성론적 연관 위에 서 있다. 바꾸어 말하자면 원초적 일기에서 음양이, 음양에서 오행이 생성한다. 주희의 용어를 사용한다면 음양과 오행의 곤합(衮合)에 의해서 만물이 형성된다. "일기에서 만물로"라는 이런 존재 개념의 생성론적 전개 과정은 그대로 우주에서 생물로라는 자연학의 진화론적 형성 과정이다. 따라서 자연학을 체계화하기 위한 원리로서 채택될 수 있다.[26)]

사람들은 오래전부터 공간의 기운이 인간에게 영향을 준다고 인식해왔다. 그것을 체계화한 것이 풍수지리설이다. 이는 우리 한국 전통건축의 공간구성에 큰 영향을 주었다. 풍수지리설은 음양 개념과 오행설이 합쳐진 사상적 기반에서 이루어졌다. 그 핵심에는 자연의 섭리에 어긋난 삶을 살지 않겠다는 의도가 놓여있다. 풍수설은 산, 수, 방위, 사람 등의 조합으로 성립된다. 그것은 원래 대지 속에 만물을 생육하는 생명력이 있다는 데서 연유한 것으로 토지 자체에 신비한 기(氣)가 있어 이것이 인간의 화복에 커다란 영향을 미친다는 사상이다.[27)] 이는 현대의 환경공학인 셈이다.

풍수설이 서양의 이론과 차이가 나는 것은 환경을 마음대로 조절하여 배치하는 것이 아니라, 적절한 환경 속으로 찾아 들어가는 점에 있다. 그것은 각 개체가 존중되면서도 서로의 관계를 우선하기 때문이다. 관계가 바로 공간관의 핵심을 이룬다. 그것은 행위로써 행복해지려는 것이 아니라, 자연 속에서 자연의 생태계를 파괴하지 않으면서 자연의 엄격한 규율에 따라 각 개체가 서로 좋은 관계를 맺어야 행복해질 수 있다고 믿는 것이다. 이것은 자연과의 조화 속에서 도를 추구하는 도가 사상에 기본을 두고 있다. 이런 자

---

26) 山田慶兒, 앞의 책, pp.26-28.
27) 최창조, 한국의 풍수사상, 민음사, 1984, p.53.

연의 순응은 인생관을 무속(巫俗)신앙과 어울려 한국인의 정서와 육체에 스며들어 한국예술의 정신으로 자리 잡았다. 이 정신은 규제성에서 벗어나 자유롭게 표현한다는 점에서 중국예술과도 뚜렷한 변이를 나타냈다. 그것은 한국이 유교, 불교, 도교의 사상을 중국에서 받아들였으나, 더 철저하게 더 끈질기게 이것들을 발전시켜서 자기 것으로 바꾸어 나간 결과이다.[28]

불교의 도입과정도 흥미롭다. 불교는 동한(東漢) 명제(明帝, 28-75) 때 수입되어 위진(魏晋) 남북조시대(220-589)의 포교와 역경(譯經)사업을 통해서 수당(隋唐, 581-907) 때에는 사상적으로 절대 세력이 되었다. 중국에 처음 들어온 불교사상은 반야학(般若學)[29]의 공(空)사상이었다. 초기 불교에서는 중국 사람들에게 공(空)을 이해시키기 위해 노자의 허무(虛無) 개념으로 풀이되었다. 이렇게 반야의 공이 중국 사람이 잘 아는 허무 개념으로 설명되어 어려운 불교사상이 쉽게 전파될 수 있었다. 어찌 보면 윤회의 주체인 불변하는 아트만(atman, 자아)을 부정하는 석가모니의 불교는 인도보다 중국이 더 안전한 깨달음의 집이었는지 모른다. 거기에는 불교와 비슷한 사상이 노자의 도덕경(道德經)을 비롯해 열자(列子, B.C. 450?-375)와 장자가 있었기 때문이다. 이렇게 노자의 '비움(虛)' 이나 '없음(無)' 이 반야(般若)의 '공(空)' 이 되었다.

불교의 공(空)은 모든 실체가 공허하다는 뜻이다. 이것은 연기성(緣起性)을 의미한다. 불교에서 연기란, 실체는 원래 그 실체가 아닌 것들과의 인연에 의해 화합된 것임을 말한다. 다시 말해, 일체의 존재는 모두 상대적 의존관계 위에서 이루어지는데, 그 관계성이 인연이고 그 관계의 작용을 연기라고 한다. 이렇게 생성된 존재들은 끊임없이 변화하고 사라진다. 때문에 불교의 세계관은 절대적 무에서 유가 생겨나는 인과의 법칙을 따르지 않는다. 이러한 연기성을 따라 현상은 인연의 산물로 인연에 의하여 현실로 나타나는 세계 만유(萬有)일 뿐 실상은 공한 것이라 한다. 모든 것은 무한하고 절대적 마음의 작용이고 이것들을 걷어내면 남는 것은 공함이다. 이때의 공함은 절대적 비워짐이 아니라 일종의 무한이다.

---

28) 조요한, 韓國美의 照明, 열화당, 1999, p.342.

29) 반야심경(般若心經), 정확히 말해 마하반야바라밀다심경(摩訶般若波羅蜜多心經)은 260자밖에 되지 않는 짧은 경전이다. 그러나 대승불교의 모든 가르침이 담겨 있다고 해도 과언이 아닐 정도로 금강경, 화엄경, 법화경의 핵심이 다 들어있고 8만 4천 경전의 모든 의미가 담겨 있다.

선불교(禪佛敎)의 태어남에서도 그러했다. 선불교는 엄격한 의미에서 인도 불교를 아버지로 하고 중국 도가(道家) 사상을 어머니로 하여 태어난 가장 중국적 불교라 할 수 있다. 선불교는 이런 의미에서 '동아시아 불교의 꽃' 이라 해도 손색이 없을 정도다.30) 선불교는 노장사상에서 단순히 이런 개념만 빌려온 것이 아니다. 사상체계를 노장에 가깝게 안착시켰다. 선어록을 읽다 보면 이것이 노장인지 불교인지 구별이 안 될 정도다. 달마(達磨, 6C)어록에 나오는 '무심(無心)' 은 노자의 무위(無爲)를 모방한 표현이다. 함 없음, 즉 무위란 비우는 방향으로 하는 행위이고, 반대로 함 있음(有爲)은 채우는 방향으로 하는 행위이다. 비우는 행위인 무위를 행해야 다시 무엇이든 채울 수 있기 때문에 비움이 도가 된다. 그러므로 도는 항상 함이 없지만 하지 못할 것이 없다. 31)

불교에서 무아(無我)는 '자아는 없다' 는 뜻이다. 즉 나의 경계가 없다는 이야기다. 모든 것들이 자신의 경계를 무한히 확장하면 모두가 하나 되고 곧 전체가 된다. 따라서 내가 네가 될 수 있고, 네가 내가 될 수 있다. 결국 너와 나의 구분이 사라진다. 경계의 무한한 확장은 이렇게 일심(一心)사상으로 이어진다.32) 물론 여기서 없다는 것은 진짜 없다는 것이 아니라 단지 자성(自性)이 없다는 이야기다. 이렇듯 초기 불교는 중국 사람들에게 공(空)을 이해시키기 위해 노자의 허무(虛無)개념으로 설명되었다. 물론 불교의 공(空)사상이 도교의 도(道) 사상과 완전히 같은 것은 아니다. 도란 모든 것을 있게 한 근원적 실재이며 모든 현상 안에 있는 원리이다. 이에 비하여, 공은 우선 현상 세계의 모든 인식이나 표현과는 연결되지 않는 불교의 깨달음에 대한 부정적 상징이다. 그럼에도 우리가 관심을 두는 것은 좀 더 실천적 비움을 통한 진리의 깨달음이라는 두 수련법의 공통성 때문이다.

공(空)과 무(無)를 혼동하거나 같다고 생각하기 쉽다. 불교의 공 사상과 도가의 비움 사

---

30) '선(禪)' 은 중국에서 5세기에 발전하기 시작한 대승불교의 한 종류이다. 선불교는 한국과 일본에 전파되었다. 기본적으로 한국 불교는 선불교라 해도 과언이 아니다. 선은 산스크리트어 디아나(dhyyāna)를 중국음 '선나(禪那)' 로 표기한 후, 여기서 '선' 만 남은 결과이다. 디아나는 명상이라는 뜻이다. 전통적이고 권위적인 부처님의 말씀을 연구하는 교학불교의 성격에서 탈피하여 선의 실천을 통해 부처님의 가르침과 정신을 전개하고 참되게 실천하고자 하였다.

31) 道常無爲, 而無不爲. 侯王若能守之, 萬物將自化. 化而慾作, 吾將鎭之以無名之樸. 無名之樸, 不亦將無欲. 不欲以靜, 天下將自定.−도상무위, 이무불위. 후왕약능수지, 만물장자화. 회이욕작, 오장진지이무명지박. 무명지박, 부역장무욕. 불욕이정, 천하장자정.− 도는 늘상 함이 없으면서도, 하지 아니함이 없다. 제후와 제왕이 만약 이를 잘 지킨다면, 만물이 장차 스스로 교화될 것이다. 그러나 교화와 더불어 또 욕망이 치솟을 것이다. 그러면 나는 무명의 통나무로 그것을 누를 것이다. 무명의 통나무는 대저 또한 욕망이 없을지니, 욕심내지 아니하면서 고요하면, 천하가 스스로 질서를 찾아갈지니. : 도덕경 37장" −김용옥

32) 한자경, 불교철학과 현대윤리의 만남, 청계, 2001.

상은 엄밀한 학문적 관점에서 보자면 매우 다른 사상들이다. 무란 존재 자체가 완전히 없다는 것이고, 공이란 어떤 존재가 실존하는 것 같아 보이지만 그 자체가 존재하지 않는다는 뜻이다. 쉽게 말해서 무는 아예 존재가 없는 것이고, 공이란 있는 듯 보이지만 따져보면, 그 존재의 실체라 할 수 있는 것이 없어 실제로는 없다는 의미이다. 이렇게 혼재된 두 사상은 특히 한국 전통 공간 형성에 영향을 끼쳤다.

불교의 공 사상은 물적 형상의 고정된 상태에 집착하지 말 것을 가르친다. 공 사상은 인간을 포함한 일체만물에 고정 불변하는 실체가 없다는 불교의 근본 교리다. 공(空)은 인도의 고어인 산스크리스트어로 'Sunya 또는 Sunyata'의 번역어이다. 'Sunya'는 형용사로 '속이 텅 빈, 부풀어 오른, 공허한' 등의 의미를 갖는 단어이다. 그리고 'Sunyata'는 명사로 '공허한 것, 공성(空性), 영(零)' 등의 의미를 갖는다. 그러므로 공(空)의 본래의 의미는 '부풀어 오른 모양으로 속이 텅 빈 현상'을 나타내는 단어이다. 공은 무엇인가 가득 차 있는 공(空)한 상태를 의미하는 것이다. 그런데 'Sunya, Sunyata'를 중국의 번역 과정에서 적절한 단어가 없어 공(空)으로 표현하였다. 그러므로 한자의 '빈 空'에 얽매이면 안 된다. 空이라는 한자도 파자(破子)를 해보아도 분명해진다. 空은 구멍 혈(穴)의 속에 工자가 들어 있다. 공(工)은 장인(匠人)이 공작(工作), 공역(工役), 공사(工事), 공예(工藝) 등을 한다는 뜻이다. 이는 바로 '허공 속에서 일체의 삼라만상이 일어난다는 뜻'이 '空'이라는 글자 속에 품고 있음이다.

도가의 비움 사상 역시 사물의 본질을 눈에 보이는 물질적인 것에서 찾지 말고 그사이에 존재하는 빈 상태에서 찾으라고 가르친다. 이것은 마치 건축공간을 위한 지침 같다. 이들 두 사상은 혼재되어 동아시아의 전통 공간 형성에 절대적 영향을 끼침은 너무나 당연하다. 공 사상과 비움 사상은 한국인의 밑바탕에 깔려있는 대표적 민족 정서이기도 하다. 현상에 집착하지 말라는 가르침과 마음을 비운다는 말은 주문처럼 외우는 말이다. 이들 두 개념은 종교에서 시작되어 민족 정서를 거쳐 건축공간까지 이르러 사람들의 삶과 함께했다. 건축공간의 관점에서 보면 두 사상은 공통점을 갖는다.

노자 11장은 비움(虛)를 말할 때 가장 많이 인용되는 문장이다.
三十輻共一轂,　　　(삼십복공일곡,)
當基無, 有車之用;　　(당기무, 유거지용;)

璇埴以爲器, (연기이위기,)
當其無, 有器之用; (당기무, 유기지용;)
鑿戶牖以爲室, (착호유이위실,)
當其無, 有室之用. (당기무, 유실지용.)
故有之以爲利, (고유지이위리,)
無之以爲用. (무지이위용.)

서른 개 바큇살이 하나의 바퀴 통으로 모인다,
그 바퀴 통 속의 빔에 수레의 쓰임이 있다 ;
찰흙을 빚어 그릇을 만든다,
그 그릇의 빔에 그릇의 쓰임이 있다 ;
문과 창을 뚫어 방을 만든다,
그 방의 빔에 방의 쓰임이 있다.
그러므로 있음의 이로움은 없음의 쓰임이 있기 때문이다.33)

반 드 벤(Cornelis van de Ven, 1942-)은 노자가 인식한 물리적 공간개념을 건축공간으로 바꾸어 음미한다. 그는 이 시(詩)가 공간을 세 단계로 나누어 놓은 것으로 본다. 그는 첫 구절에서 구축적(構築的: tectonic) 형태를, 두 번째 구절에서 젬퍼(Gottfried Semper, 1803-1879)도 지적한 조적적(組積的: stereotonic) 형태로 재료 기술적인 성질을 가리키고 있다고 지적한다. 서양 사람들은 이 두 가지 재료 사용법이 종종 19세기의 독창적 사상이라 생각하였으나, 그는 이미 2500년 전 노자가 깨달았음을 지적하고 있다. 그는 세 번째 구절에 더 의미를 두고 있다. 그 까닭은 노자는 이미 내부의 아무것도 없는 공간이 지각할 수 있는 형태보다 한층 더 본질적임을 알았기 때문이다. 그래서 그는 내부 공간과 외부 공간의 경계선상 즉 경계벽에서 더욱 노자의 사상을 강조한다. 문과 창에 의해 형성된 빈 공간을 주목하고 있는 것이다. 그것은 건축에서 작용하는 전이 공간으로 이해될 수 있기 때문이다. 그래서 반 드 벤은 이 시(詩)가 공간 연속체로서의 경계를 설명하는 내용은 물론, 형태의 물리적 지각(美)과 도덕적인 태도(善)를 결부시키고 있다는 점에서 공간 미학의

---

33) 여기서 무(無)는 없음이 아니라 허(虛, emptiness)를 의미한다. 그 無(빔)를 당하여 기(器)의 용(用, 쓰임)이 있다고 했으니, 여기서 다음과 같은 공식을 얻는다. 무(Nothingness) = 허(Emptiness) = 용(Function). 없음(無)은 곧 빔(虛)이요, 빔은 곧 있음(有)의 쓰임(用)이다.

최초 예라고 지적하고 있다.[34] 라이트도 노자에게 귀 기울일 것을 강조한다.[35] 이 구절은 또한 비물질적인 것의 중요성과 음적인 것으로 생각되는 빈 공간이 더 중요하다는 것을 일러준다. 그 까닭은 장(A.I.T Chang)의 지적대로 허공이 고형체(固形體)로 언제나 채워질 수 있기 때문이기도 하다.[36]

물질적 건조물인 건축을 통해 무형성의 상태를 얻기는 쉽지 않다. 건축은 물질적 구조물이기 때문이다. 공과 비움을 얻기 위해서는 물질성을 지워야 한다. 지우는 순간 건축의 의미는 사라진다. 건축공간에서는 이 모순을 극복하여야 한다. 불교와 도가 사상은 크게 도움을 준다. 불교에서는 공간을 사람의 인식과 무관한 초월적 상태로 정의한다. 공간은 처음부터 있어 왔고 영원히 있을 것으로 본다. 그러기에 공간은 무한하며 무궁하다. 내외부 공간도 차별을 두지 않는다. 내외부의 연장을 도가에서는 자연과의 일체라는 경험적 개념으로 가르친다. 자연과의 일체와 비움 사상이 합쳐지면서 도가 사상에서의 공간적 무차별, 다시 말해서, 연장이 얻어진다.

한 존재가 그 존재를 규정하고 있는 기능을 상실하면 곧 그 존재는 이미 존재가 아니다. 그 기능의 상실은 곧 허(虛)의 상실이다. 그러니까 허의 상실은 곧 존재의 상실이다. 이것이 노자의 존재론으로 그리스인들의 그것과는 매우 다르다. 헤라클레이토스(Heracleitos, c. B.C. 540)는 판타 레이(panta rei, 萬物流轉)와 로고스는 말하지만 허는 얘기하지 않는다. 소크라테스(Socrates, B.C. 470?-399) 이전의 자연철학자들 어느 누구도 노자처럼 허의 존재론을 말한 사람은 없다. 바로 이 허라는 하나의 개념 때문에 동양과 서양은 매우 다른 문명 이야기를 지어왔다.

그러나 하이데거(Martin Heidegger, 1889-1976)의 사유는 여러 측면에서 노자의 세계와 유사성을 보인다. 그가 노자의 '도덕경'을 구체적으로 접하고 노자의 사유를 자신의 언어로 풀이하는 것은 말할 것도 없으며, 그의 철학적 계획에 관한 이정표도 노자의 사유 세계로 드러나고 있기 때문이다. 하이데거는 생의 후기에 도가에 관심을 갖고 열린 자세로 받아들였다. 이를테면 하이데거가 '사물(das Ding)'의 사물 됨을 논하는 과정에는 노자의

---

34) Cornelis van de Ven, 앞의 책, pp.18-20.
35) F. L. Wright, A Testament, Horizon, New York, 1957, p.155.
36) A.I.T Chang, 앞의 책, p.16.

비움(虛) 사상이 그대로 드러난다.[37]

우리가 집을 짓는 것은 들어가 살기 위함이다. 그 조건은 단순하다. 방들이 비어있어야 한다. 무엇을 하든 노자는 천지간의 만유의 존재는 바로 빔 때문에 존재하는 것이라고 말한다. 허(虛)가 없는 존재는 존재가 아니다. 이것은 바로 우리 동양인들이 사물을 바라보는 인식의 틀이며 아주 독특한 노자의 사유 방식이다. 이것은 서구인의 공간개념과도 같다고 생각할 수 있다. 노자의 허(虛)를 해소해 버리면 그렇다. 노자의 허는 공간이 아니다. 노자 철학에는 공간이 없고 기(氣)만 있다. 노자에게 허는 기의 한 양태에 불과하다. 실(實)이라는 기의 양태와 대비되는 상대적 개념의 양태일 뿐이다. 그러므로 공간이 먼저 존재하고 그 속에 허가 들어있는 것이 아니다. 거꾸로 허가 공간을 창출하는 것이다. 공간은 존재가 아니라 존재의 측면이다.[38] 그것은 건축공간을 연상케 한다.

다음은 도덕경 4장의 도를 건축공간으로 번안하여 비교해 본다.

〈원문〉	〈번안문〉
도의 실체는 비어있다	건축공간의 실체는 비어있다
도의 실체는 공허하다.	건축공간의 실체는 공허하다.
그 작용은 끝이 없다.	그 작용은 끝이 없다.
형체가 없이 숨겨진 것과 같다.	형체가 없이 숨겨진 것과 같다.
그러므로 죽은 것 같지만 존재하는 것이다.	그러므로 죽은 것 같지만 존재하는 것이다.
도의 실체는 비어있다 .	건축공간의 실체는 비어있다.
그렇다고 해서 아무것도 없는 것이 아니므로	그렇다고 해서 아무것도 없는 것이 아니므로
무궁한 창조의 씨앗을 품고 있는 것이다.	무궁한 창조의 씨앗을 품고 있는 것이다.
그러므로 도의 작용은 끝이 없다.	그러므로 건축공간의 작용은 끝이 없다.
이런 비어있는 도의 실체가	이런 비어있는 건축공간의 실체가
만물의 근원인 것이다.	만물의 근원인 것이다.

---

37) 푀겔러(Otto Pöggeler)도 이런 사실을 정확하게 지적하고 있다 : Neue Wege mit Heidegger(하이데거와 함께 새로운 길을), Alber, Freiburg/München, 1992, p.406.

38) 김용옥, 노자와 21세기[1], 통나무, 1999, pp.186-187.

道沖,	(도충,)
而用之或不盈.	(이용지혹불영.)
淵兮！	(연혜!)
似萬物之宗.	(사만물지종.)
挫其銳, 解其紛;	(좌기예, 해기분;)
和其光, 同其塵.	(화기광, 동기진.)
湛兮！	(담혜!)
似或存.	(사혹존.)
吾不知誰之子,	(오부지수지자,)
象帝之先.	(상제지선.)

2. 고대 그리스와 로마의 건축공간

공간의 성격에 대한 최초의 연구는 사 천년 전 고대 이집트와 바빌론에서 기하학의 형성과 함께 이루어졌다. 그러나 이것은 인간의 필요에 의해 한정된 것이었다. 실지로 공간의 성질에 대해서 정의를 내린 이들은 고대 그리스 인들이었다. 그들은 공간을 다양하게 불렀다. 카오스(chaos), 코라(chora), 장소(topos), 케논(kenon) 그리고 연장(extension)으로 이해하였다.

태초의 공간을 헤시오도스(Hesiodos, B.C. 7C.)의 신들의 계보에서는 카오스라 한다. 우리가 흔히 혼돈으로 번역하지만 그 뜻은 무질서가 아니다. 단지 비어있는 공간일 따름이다. 그곳은 질서 있는 무대이며 사물 생성의 장소이다. 그러나 아직 이 시원적 장소에는 구분이 없었다.

공간을 카오스로 상상하는 것은 그리스인만은 아니었다. 고대 이집트인은 암흑의 바다 누(Nu)에서 아툼(Atum)이 스스로 존재하여 태양신 라(Ra)를 만들어 세상을 밝고 명랑하게 하였다고 상상했다. 유사이전부터 그리스 반도에 거주한 펠라고이(Pelasgoi)족의 천지창조 신화 그리고 기독교의 창세기에도 카오스가 나온다. 인도의 인드라(Indra)도 흑암과 무질서의 브리트라(Vritra)를 물리치고 나온다. 중국 창조 신화 개천벽지(開天闢地) 역시 양(陽)이라는 밝은 빛이 혼돈의 어두움 음(陰)을 뚫고 나와 세상을 창조하였다고 말한다.

공간에 대한 사색은 고대 그리스 자연철학자들에게는 오래전 일이었다. 아낙시만드로스(Anaximandros, B.C. 611-547)의 무한의 개념과 아낙시메네스(Anaximenes, B.C. 6C.)의 공기(空氣) 등은 무한한 확장의 성질을 지닌 것이었다. 한편 피타고라스(Pythagoras, B.C. c.582-c.507)의 공간은 실재적이었으나 그 내용은 추상적이었다. 그는 수에 일종의 공간성을 인정했다. 그 후, 엠페도클레스(Empedokles, B.C. c.495-435), 아낙사고라스(Anaxagoras, B.C. 502-c.428)는 공간의 존재를 부정하였지만, 엘레아(Elea) 학파의 제논(Zenon, B.C. c.490-c.430)은 그 존재를 추구하였다. 한편 데모크리토스(Demokritos, B.C. c.460-c.370)를 비롯한 원자론자들은 공허한 공간은 운동을 설명하는 데 필요하다고 생각하였다.[39] 피타고라스주의자 아르키

타스(Archytas of Tarentum, B.C. 428-350)도 장소나 공간을 물질과 구분하였다.[40]

*플라톤의 공간

실제로 공간의 성질에 대해서 정의를 내린 이는 철학자 플라톤(Platon, B.C. 427-347)이었다. 아리스토텔레스(Aristoteles, B.C. 384-322)에 의하면, 플라톤은 이전 사람들과는 달리 공간이 있다는 말을 넘어 그것이 무엇인지를 말해준다(Aristoteles, Physics, 209b). 그는 우주론과 자연관을 보여주는 [티마이오스(Timaios) ; 박종현, 김영균 공동역주, 세광사, 2000]에서 공간이론을 전개한다. 우주는 선한 존재로 제작자인 신 데미우르고스(Dmiourgos)가 형상을 본 삼아 무질서하게 보이는 움직이는 모든 것에 질서를 부여하여 성립되었다고 플라톤은 말한다. 이런 플라톤의 세계관은 세상은 만들어진 것이라는 제작적 세계관이다. 주역(周易)이 동북아 사람들의 세계관을 지배하였듯, 만들어진 세계라는 플라톤의 세계관 역시 고대와 중세에서 서양 사람들의 세계관을 지배하였다.

플라톤의 [티마이오스]에는 두 가지 공간개념이 담겨 있다. 순수공간과 물질에 관한 서술이 얽혀있다. 달리 말하면 이데아론과 기하학이라는 서로 다른 두 체계를 자연이라는 동일대상에 적용하여 공간개념에 이중 의미를 담고 있다. 때문에 이해가 수월하지 않다. 그렇다 하더라도 플라톤은 우주의 설명 모델로서 수학적 원자론을 도입하여 근대과학의 토대를 제공한다.[41] 플라톤은 천지창조를 설명하면서 영혼 세계가 물질세계에 내응되지만 더 우수한 것으로 보았으며, 신은 물체에 앞서 영혼을 창조하였다고 한다. 천공(天空)은 그 실체를 볼 수 있지만 영혼은 눈에 보이지 않아서 이성과 조화만을 부여받았다고 보았다. 영혼이란 원형 고리들이 기하학적으로 짜인 틀로 구성되어 있고 그곳에는

---

39) 데모크리토스 체계의 기본발상은 단순하다. 우주 전체는 끝없는 공간으로 이루어져 있고 그 속에서 무수한 원자들이 돌아다닌다. 공간은 한계가 없다. 위도 아래도 없고 중심도 경계도 없어서, 원자들은 모양 외에는 그 어떤 성질도 갖고 있지 않으며 무게, 색, 맛도 없다. '관례상 달고, 쓰고, 뜨겁고, 차갑고, 색이 있는 것이지, 실상은 원자와 진공일 뿐'이라 하였다. 그러나 그 구성인자둘의 상호관계로 특징 지워진다. : Carlo Rovelli, La realtà non è come ci appare, 2014 ; 김정훈 옮김, 보이는 세상은 실재가 아니다, 쌤앤파커스, 2018, p.24.

40) Max Jammer, Concept of Space, 1954 ; 이경직 옮김, 공간개념, 나남, 2008, pp.41-44.

41) 그것은 피타고라스주의자 필로라오스(Philolaus, B.C. 5C.)에 의한 것이었다. 플라톤은 원소들이 특정한 공간적 구조들을 지닌다고 여겼다([티마이오스] 56). 그는 정이십면체의 공간적 구조를 물에 부여했고, 정팔면체는 공기, 정 육면체는 흙, 정사면체는 불에 주었다. 플라톤이 생각하기에 흙은 정육면체 형태를 지녀서, 네 원소 가운데 가장 안정된 밑면을 지닌 가장 움직이지 않는 것으로 보았다. 이 원소가 우주 중심에서 발견됨은 당연하다. 이렇게 물질은 공간으로 변환되어서 물리학이 기하학으로 환원된다.

일곱 개의 행성으로 구성되는 물질세계가 배치된다고 하였다. 이렇게 공간과 물질을 같게 여기는 플라톤의 개념은 중세 내내 물리학사에 큰 영향을 주었다.[42] (그림 4)

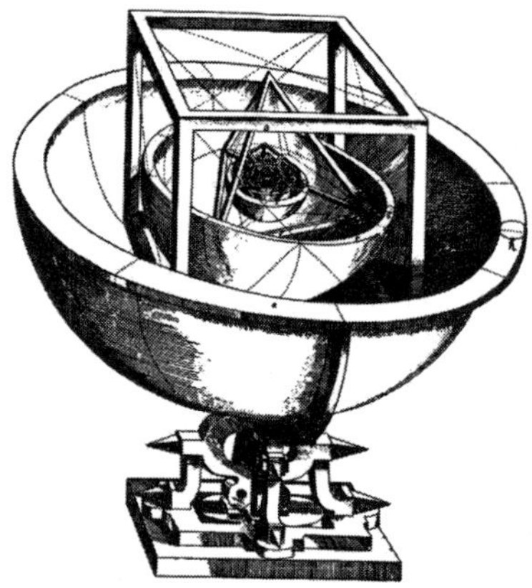

그림 4. 우주를 구성하는 플라톤 입체, 케플러(Johannes Kepler, 1571-1630) ; 플라톤은 모든 물질적 대상을 입체로 표현한다.

플라톤 대화록의 근본이념은 '존재와 사물을 생겨나게 하지만 존재하지 않는 생성(生成, to gignomenon) 두 범주로 이 세계를 설명하기에는 부족하다'는 생각에서 출발한다. 결국 그는 모든 생성을 수용할 수 있는 제3의 범주가 필요하다고 말한다. 이 정신적이며 물질적인 모든 것을 받아들이는 형상물, 그 외에 어떤 규정도 없는 이것을 플라톤은 '공간'이라 한다. 또 공간은 지식에서도 벗어난다고 한다. 인간은 단지 생성된 것만 인지할 수 있기 때문이다. 그렇더라도 플라톤은 우리가 공간에 대해 제대로 알 수 없더라도 가정은 해야 한다고 말한다. 플라톤은 공간을 존재와 생성 사이의 배타적 제3자로 인지한다. 그는 피타고라스학파의 공간과 질료의 동일성을 발전시켜 감각적 사물과 원형인 이데아(idea)에서 공간을 구별한다. 공간은 영원하며 붕괴되지 않고 항상 동일성을 유지한다는 점에서 이데아와 비슷하다. 하지만 형식이 없고 공허하다는 점에서는 이데아와 전혀 다르다고 보아 공간을 제3의 세계로 다룬다[43]

플라톤은 공간개념을 분명히 하기 위해 '코라(chōra, khōra, χωρα)'라는 용어를 사용한다. 코라는 일체의 생성을 받아들이는 그릇이며 이데아와 감각적 개별물이 만나는 터가 된다. 그곳은 예측할 수 없는 힘, 또는 결코 닮거나 균형이 잡히지 않은 힘들로 가득 차 있는 공간이다. 세계는 이 알 수 없는 힘들이 흔들림을 통해 서로 닮은 것들이 함께 모여

---

42) 그러나 공간개념은 엄밀한 수학적 연구 주제가 되지 못한다. 그것은 [티마이오스]의 모호한 언급의 영향 때문이라고 할 수 있다. 또한 아리스토텔레스의 '자연학'이 12세기 중반에야 겨우 플라톤의 [티마이오스]의 자리를 물려받았기 때문이다.

43) 플라톤은 우주의 생성 과정에서 세 가지를 말한다([티마이오스] 48e-49a). 본으로서의 '형상', 형상을 모방한 것으로서 '생성-소멸', 그리고 생성-소멸의 성립 기반으로서의 '생성의 수용자(hypodochê)'를 들고 있다. 그는 이 '수용자'를 창조 사건을 포함해서 사물들이 생기고 나타나는 공간으로 묘사한다. 즉 존재, 공간, 생성이 있고 이 셋이 세 가지로 있으며, 천구(우주)가 생기기 전에도 있었다 한다([티마이오스] 52d).

형성된다고 보기 때문이다. 이렇듯 그의 세계관은 만들어진 것이라는 제작적 세계관이다. 주역(周易)이 동아시아의 세계관을 지배 지배하듯, 플라톤의 세계관은 유대인의 세계관은 물론 고대와 중세에 걸쳐 서양인의 세계관을 지배하였다.

플라톤의 티마이오스에는 두 가지 공간개념이 담겨 있다. 순수공간에 해당하는 것과 물질에 해당되는 서술이 얽혀있다. 이데아론과 기하학이라는 서로 다른 두 세계를 동일한 대상 즉 자연에 적응하여 공간개념에 이중적 의미를 담고 있다. 그래서 이해하기 어렵다.

플라톤은 피타고라스학파의 공간과 진료의 동일성 사상을 발전시켜, 감각적 사물과 원형인 이데아에서의 공간을 구별한다. 그는 공간은 영원하고 붕괴되지 않으며 항상 동일성을 유지하는 점에서 이데아와 비슷하다고 한다, 하지만 형식이 없고 공허하다는 점에서는 이데아와는 아주 다름으로 공간을 제3세계로 다룬다. 플라톤은 공간이 어떤 종류인지를 묻는다(T. 49a). 그는 이데아가 아버지라면 그 복사인 감각적 사물은 자식이며 공간은 자식을 낳을 수 있는 어머니(T. 51d.) 또는 유모라한다(T.49-51)

플라톤적 세계는 3차원적 질서의 세계이다. 모든 공간은 기하학에 의해 규제받고 있다. 기하학과 객관성은 눈에 보이지 않는 신비한 우주 공간에서 인간이 참여할 수 있는 수단이었다. 이와 같은 해석으로 우주는 인간의 눈으로 합리적으로 볼 수 있게 인식되었다. 인간은 기하학적 체계를 구축함으로써 미지의 우주를 정복할 수 있다는 만족감을 가지게 되었다. 이러한 과정에서 비로소 인간이 창조한 건축 형상은 자신의 욕망을 자기 의식적으로 재현한 형태가 되었다.[44]

신전 건축이 그러하다. 그리스의 모든 신전의 공통점은 세련된 조형물로서의 외관이다. 그것은 단순한 형태가 아니라 의도된 분절을 이룬 구조물이다. 열주랑은 그 압권이다. 신전은 살아있는 근육체처럼 보인다(그림 5 ; 파르테논). 그것은 인간의 삶을 공간과 시간에서의 행위로 구체화시킨다. 조각도 마찬가지다(그림 6 ; 도리포로스; 창을 든 남자; 창을 든 남자). 이는 그리스인들은 세계를 수학적으로 표현한 징표이기도 하다. 그것은 추상을 실현하면서도 질서, 위계, 윤리학, 미학이 서로 복잡하게 얽혀있다. 기하학적 지식 전체가 최초로 체계적이고 일반적 형태로 정리된 것은 알렉산드리아 출신의 유클

---

44) Cornelis van de Ven, 앞의 책, p.25.

그림 5. 파르테논(Parthenon, . B.C. 448-432) : 설계:Iktinos와 Callicrates B.C. 448-432

그림 6. 폴리클레이토스(Polykleitos. B.C. 430-420)의 도리포로(Doryphoros)

리드(Eukleides, B.C. 300)의 [기하학 원리(Elements)]에서였다.[45] 그는 플라톤의 기하학적 공간개념을 발전시켜 공간을 무한하고 균질한 것으로 세계 구성의 차원의 하나로 정의하였다.

서양의 건축이론에 준 플라톤적 개념의 영향은 너무나 컸다. 르네상스의 건축가들도 플라톤처럼 크고 작은 질서 세계의 일치에 매혹되었다. 그것은 세계를 창조한 신성한 우주와 인간의 일치였다. 그들은 피타고라스의 비율을 이용하여 영혼, 우주, 인간, 음악, 수학 등에 가능한 관계를 체계화하려고 시도했다. 이렇게 르네상스의 건축가들도 건축을 우주 비례의 조형적 구성물로 간주하고, 내부 공간의 세포를 이와 비슷한 유형의 수학적 체계로 변형시키려고 하였다. 그러나 아리스토텔레스는 달랐다. 그는 더 이상 플라톤처럼 창조 신화를 통해 공간을 설명하지 않았다. 플라톤의 사변적 공간론과는 달리 모든 대상이 그 위에 놓이는 공간을 논리적으로 체계 있게 연구하였다.

아리스토텔레스의 공간

아리스토텔레스의 공간이론은 먼저 [범주론(Categories)]에서 기술된다. 그는 양(quantity)의

45) 유클리드의 '기하학 원리'는 20세기가 시작될 때까지 유럽의 여러 학파에서 표준 교과서가 되었다. 여기서 기술된 공간, 즉 인간의 일상 경험에 상응하는 성질을 지닌 공간을 '유클리드적 공간'이라 한다. 유클리드 기하학은 2000년을 넘게 내려오면서도 공간의 참된 본질로 인식되었다.

연속 또는 불연속의 관점에서 공간을 연속량(continuous quantity)으로 본다. 공간은 몸으로 점유되는 모든 장소의 총합으로 여기며, 장소 자체는 공간의 부분으로, 공간의 경계는 공간을 받아들이는 몸체의 경계에 일치한다([범주론] 5a.8-14)고 말한다."[46] 건축공간과 관련된 서술은 [자연학(Physica) ; 아리스토텔레스의 자연학 읽기, 임두원 역주 부크크 2015]에서 더 구체적이다. 그러나 아리스토텔레스는 '장소'라는 용어만 사용한다. 엄밀히 말하면 [자연학]은 공간이론을 내놓지 않고 장소 이론이나 공간 내 위치들의 이론만 내놓는다. 그렇지만 그의 장소이론은 자연과학에서의 중요한 함축은 물론, 공간이론 발전에 결정적 단계를 제공하고 있다.

먼저, 아리스토텔레스는 자연학 제4권에서 장소(topos)의 개념을 다음과 같이 제시한다.[47] "물체는 각각 그 자체의 적절한 장소를 향해서 상하로 움직인다(208b.12). 그래서 모든 것은 어디엔가 한 장소에 존재한다(208b.33). 또 장소나 공간은 물체를 가질 수 없다(209a.8)."고 말한다. 플라톤과는 다른 견해이다. 플라톤은 티마이오스에서 물체와 공간을 동일시하였으나 아리스토텔레스는 그와 같은 논리를 반박한다. 그는 장소를 "형태나 물체가 없는 것(209b.22), 용기와 같은 것(209b.29) 즉 물체의 용기(209b.32)"로 공식화한다. 이렇게 아리스토텔레스는 장소의 특성들을 설명하는 연역적 이론을 공리의 토대 위에서 발전시킨다. 장소는 실재하는 존재를 지니는 우연히 갖추어진 특성이지, 실체적 존재라는 의미의 독자적 존재는 아니다. 장소 개념과 관련해서 그의 기본가정은 다음과 같다.[48]

첫째, 장소란 어떤 것의 장소일 경우에는 그 어떤 것의 직접적인 그릇이다.
둘째, 장소는 그것이 포함하는 어떤 것의 부분이 아니다.
셋째, 어떤 것의 직접적인 장소는 그 어떤 것과 완전히 동일한 크기이다.
넷째, 장소는 포함되는 것이 없어진 후에도 남으며 그 포함되는 것과 분리 가능하다.
다섯째, 모든 장소는 위와 아래 사이의 구별을 허용한다.
여섯째, 모든 원소적 물질들은 자신만의 고유한 장소들을 향해 위나 아래로 운동하거나 또는 거기에 있을 때 그 장소에 정지해 있는 경향을 갖는다. 그러한 것들은 '위로' 운동하거나 '아래로' 운동하고, '위에' 정지하거나 '아래에' 정지한다(211a).

---

46) Max Jammer, 앞의 책, pp.56-57.
47) 토포스는 장소와 공간을 함께 의미할 수 있기에 번역에 어려움이 따르는 용어이기도 하다.
48) Aristoteles, Physics, 211a ; 임두원 지음, 아리스토텔레스의 자연학 읽기, 부크크, 2015. p.217.

공간을 '질적으로 다른 그릇으로 만들며, 자연스러운 운동 역학의 형이상학적 토대를 준 것은 바로 이 마지막 전제이다. 아리스토텔레스는 이 전제들에서 출발하여 논리적 소거법이라는 명료한 과정을 통해(211b.) 장소를 그릇에 붙어 있는 경계로 규정한 유명한 정의에 이른다. 이 정의를 통해 장소 개념은 모든 비판에서 벗어나게 되었다고 야머(Max Jammer, 1915-2010)는 말한다[49]. 이렇듯 모든 대상물이 방해받지 않는다면 다 자기의 장소를 향해 움직인다는 가정에 의해 공간은 질적 다양성의 운반꾼(bearer)이 된다. 이렇게 장소는 바뀌는 내용물과는 다르며, 또 "어떤 것을 포괄하는 물체의 경계"가 된다(212a).

여기서 건축공간의 이해를 위해서는, 아리스토텔레스의 상세한 설명보다는 볼노의 권고에 따라, "자연 속의 장소"와 "그릇으로서의 장소"에 초점을 맞추기로 한다[50]

먼저 "자연 속의 장소"에서 공간은 자연스럽게 분류되어진다는 사실에서 출발한다. 이는 당시 학자들이 구분한 4원소(불, 공기, 물, 흙)는 각기 속한 일정한 장소가 있어서 언제나 그곳으로 가려고 한다는 데에 근거한다.[51] 여하튼 위와 아래와 관련된 공간은 원래 나뉘어 있고, 원소들은 그 안에서 각자 소속된 위치를 가지고 있으며, 다른 힘에 의해 방해받지 않는 이상 그곳으로 돌아가려한다. 또 이와 관련해 아리스토텔레스는 공간이 "존재"할 뿐 아니라 "고유의 힘"도 가지고 있다고 말한다. 결국 아리스토텔레스가 생각

---

49) Max Jammer, 앞의 책, p.58.

50) Otto Friedrich Bollnow, 앞의 책, pp.29-35.

51) 아리스토텔레스는 이렇게 말한다. "모든 원소는 방해받지 않는 이상 각기 자신의 장소로 진출하려고 한다. 어느 것은 위로, 어느 것은 아래로, 다른 것들도 6방위의 나머지 방향으로 가려고 한다"(208b.). 이것은 현대인에게는 낯선 공간관으로, 공간을 균질적으로 보지 않는 결과이다. 물론 공간 내부에서 부분과 종류들을 구별하였다. 그는 이것을 위/아래, 앞/뒤, 좌/우로 나뉜 방향이라 불렀다. 현대의 용어로 말하면 인간의 몸에 의해 주어진 좌표계이다. 바로 이것이 공간을 분류하는 기준이다. 중요한 것은 자연에서는 모든 방향이 각기 정해져 있다는 것이다. 위는 임의의 방향이 아니라 불꽃과 가벼운 물체가 이동하는 방향이다. 아래도 흙과 무거운 물체가 있는 곳을 말한다. 따라서 방향은 위치에 의해서만 구별되지 않고 그 작용을 통해서 구별된다(200b.). 방향이 사람에게 적용될 때는 당연히 그 사람의 위치에 따라 바뀐다.

52) 여기서 용어의 의미를 언급할 필요가 있다. 가령 각 원소가 본연의 장소로 가려 한다고 말할 때, '토포스'는 아리스토텔레스의 설명에도 자주 등장하는 공간보다는 '장소'의 의미가 강하다. 공간을 뜻하는 그리스어는 '코라(χώρα)'로 번역되며, 코라는 '코레오(χωρέω)'에서 나온 말이다. 코레오의 일차적 의미는 '공간을 주다, 자리를 만들다'이고 그다음으로 '비키다, 물러가다'라는 일반적 의미가 있는데, 특히 그릇에 대해 말할 때는 무언가를 담기 위해 '무엇을 넣고' 그것이 '공간을 차지하고 있다'는 의미이다. 따라서 코라는 사이 공간, 여지, 구간이라고 말할 때의 그 공간이다. 우리는 또 자신과 우주가 동시에 존재한다는 사실에 한계를 느낀다. 그러나 전체론적 단원성은 이미 room(raum) 이라는 단어에 함축되어 있다. room과 space를 의미하는 두 단어는 라틴어의 rus에 뿌리를 두며, 이는 '열린 장을' 의미한다. 즉 우주라는 뜻이다. 건물을 위한 room을 구상한다는 것은 세상에서 자신을 위한 'space'를 만드는 것과 같다.

하는 공간은 내적 힘이 펴져 있는 공간이다. 그것은 현대물리학에서 말하는 역장(力場)이 연상되는 공간이다. 이런 생각에서 고대 그리스인들은 신전을 장소(땅)와 연관시키고 또 고대 로마인들은 땅의 혼(Genius Loci)과 관련하여 집을 지었다. 이것은 동양인이 명당(明堂)을 찾아 거처를 마련하는 일과도 같다.[52)]

다음으로 "그릇으로서의 공간"이다. 우리는 장소란 점의 성격을 가진 것으로 내가 손가락으로 가리킬 수 있는 특정한 위치를 뜻한다. 그러나 아리스토텔레스가 사용한 토포스라는 말에는 언제나 일정한 외연, 공간적으로 부피란 뜻이 포함되어 있다. 아리스토텔레스는 두 개의 물체가 서로 자리를 바꾸면 어떤 일이 생기는가를 생각하면서 이 문제에 접근한다. 가령 조금 전에 공기가 있던 곳에 지금은 물건이 있으면 어떤 일이 벌어지는가라는 문제에서 출발하면서 공간을 "일종의 그릇"이라고 말한다. 그릇은 "가지고 다닐 수 있는 공간"(209b.)이고 반대로 공간은 "일종의 움직이지 않는 그릇"(212a.)이기 때문이라는 것이다. 그러니까 토포스는 일정한 공간적 외연을 가지고 있으며, "자신의 대상을 둘러싸고 있다".(211a.). 더 구체적으로 아리스토텔레스는 토포스가 "무언가를 둘러싸는 물체의 경계" 혹은 "둘러싸는 도구의 외피"(211b, 212a.)라고 규정한다. 즉 대상 주위를 휘감은 일종의 피부라는 것이다. 그런데 이 특성이 우리의 일상어 "장소"에는 적절히 드러나지 않는다.

오늘날 우리의 공간 관념과 아리스토텔레스 공간의 차이는 그릇과의 비교에서 확연히 드러난다. 아리스토텔레스의 공간은, 사물 간의 관계 체계가 아니라, 어느 사물이 차지한 부피를 바깥에서 구획한 경계이다. 공간은 둘러싸는 외피에 의해 경계가 정해지는 빈 곳이다. 이 빈 곳에 해당 사물이 들어맞기에 공간은 그곳을 점유한 사물과 크기가 같을 수밖에 없다 (211a.). 그런 빈 곳으로서의 공간은 필연적으로 유한하다. 어떤 것이 다른 어떤 것에 둘러싸여 있을 때만 공간이라는 말을 쓸 수 있다. 이런 상황을 벗어나면 공간이라는 말은 의미를 잃는다. 그래서 아리스토텔레스는 이렇게 강조했다. "외부의 다른 물체에 감싸인 물체만이 공간에 있을 뿐, 그렇지 않은 것은 공간에 있지 않다." (212a.)고 주장한다. 우리의 일상어의 장소와는 차이가 분명히 드러난다. 왜냐하면 장소는 반드시 나란히 놓여있지만, 공간(아리스토텔레스가 말하는 토포스)은 작은 공간이 큰 공간 속에 들어있는 식으로 서로 겹치거나 둘러싸기 때문이다. 이런 식으로 부피가 작은 공간에서 단계적으로 점점 큰 공간으로 올라가면서 모든 것을 포함하는 공간에 대한 의문이 생긴다. 이 사고는 우주 전체에 대한 문제로 확대한다.

아리스토텔레스는 이렇게 말한다. "흙은 물속에 있고, 물은 공기 속에 있으며, 공기는 에테르 either 속에, 에테르는 하늘 속에 있다.[53] 그러나 하늘은 다른 것 속에 있지 않다." (212b.). 공간은 항상 그것을 둘러싸는 다른 것을 전제로 하기 때문에 하늘은 더 이상 공간 속에 있지 않다. 오히려 우리가 생각할 수 있는 최대한 넓은 공간은 하늘에 둘러싸인 모든 것이다. "하늘 자체는 공간이 아니다. 따라서 공간은 필연적으로 유한한 공간이다. 즉 천구가 둘러싸고 있는 빈 곳이다.

여하튼 아리스토텔레스의 공간관에서 공간이란 항상 바깥에서 경계가 정해지고 내부가 채워질 빈 곳이라는 점, 그런 의미에서 공간은 필연적으로 유한한 공간이라는 점, 그리고 채워질 공간을 넘어 무의 공간에 대해 묻는 것은 별로 의미가 없다는 점이 그 핵심이다. 이런 생각은 그릇 내부의 빈공간이 그릇의 유용성임을 이미 노자의 도덕경 11장에서도 보았다.

우리는 다음과 같이 요약할 수 있다. 아리스토텔레스의 인식에는 균질적이면서 무한으로 뻗어가는 수학적 공간은 들어있지 않았다. 그는 공간을 방향차이 때문에 비등방(比等方)적인 것으로 여겼다. 야머에 따르면 고대 공간들의 이 특성 때문에 기하학은 공간을 과학적 대상으로 삼을 수 없었다. 기하학은 균질적이고 등방적인 것을, 즉 공간좌표를 설정할 수 있는 것을 대상으로 삼아야 하기 때문이다[54]. 그러나 고대 그리스인들은 전혀 다른 시각으로 이 문제를 접근했다. 그들의 첫째 의문은 "어떤 사물이 속한 곳이 어디인가"였다. 다시 말해, 만물이 자기에게 알맞은 고유의 장소를 차지하고 있는 공간의 자연적 분류를 물은 것이다. 만물은 본디 그런 장소를 가지고 있지만 그곳은 인간이 지정한 장소가 아니다. 그곳은 우주론적으로 배열되면서도 반드시 유한하고 조망이 가능한 공간이다. 따라서 공간은 자신을 채우고 있는 사물을 벗어나지 않는다. 결국 인간의 공간 질서도 이 사유의 틀에 들어맞는다. 인간의 공간 질서는 다시 인간 주변의 사물에 각자의 공간을 지정하면서 동시에 포괄적 우주 질서에 순응한다. 여기에서 다시 수많은 문제가 탄생한다.

이렇게 아리스토텔레스는 공간에 대한 새로운 개념으로 장소의 이론을 전개하였다.

---

53) 아리스토텔레스는 에테르를 흙, 물, 불, 공기라는 4원소 외에 세계를 구성하는 제5원소로 도입하였다. 그리스 신화에서 에테르는 높은 하늘, 즉 공간과 하늘을 인격화한 신이다. 철학과 화학에서 에테르는 제5원소를 가리킨다. 물리학에서 빛을 내는 에테르는 한때 빛을 전파하는 매체로 여겼다. 하지만 장이론의 등장과 더불어 에테르의 존재는 부정되었다.

54) Max Jammer, 앞의 책, p.68.

그가 정의한 장소란 인간이 환경 속에서 삶의 의미와 질서를 찾을 수 있는 특정한 장소를 의미한다. 그리스인들은 개개의 장소들이 질적으로 서로 다름을 알 뿐만 아니라 서로 다른 기능은 다른 종류의 공간을 요구한다는 사실도 알고 있었다. 그들은 공간을 모든 장소의 역동적 결합으로 정리하였다. 그래서 그리스의 공간개념은 다원적이다. 이러한 다원성은 그것이 모든 것을 포괄하는 체계의 속박으로부터 인간을 해방시켰고 세계를 초월할 수 있게 해주었다. 때문에, 인간의 환경에 의미 있는 구조를 제공하는 매우 중요한 해결책이었다. 이러한 사상적 배경에서 고대 그리스인들에게 공간은 하나의 사물이 아니라 많은 사물의 관계였다. 이런 생각은 언어에도 나타난다. 그리스의 언어는 공간에 대한 단일어가 없다. 그리스인들은 공간을 중간물 "in-between"으로 이야기했을 뿐이다. 그것은 많은 구체적 해석들을 고려하였다. 그들은 어떠한 공간의 성격도 공간을 한정하는 요소들, 즉 크게는 자연경관에서 적게는 건물의 벽체에 의해서 크게 좌우되는 사실을 인식하고 있었다. 그때의 공간개념은 어느 면 중립적인 것이었다.

그리스 건축은 주변의 환경에 대하여 의미심장한 공간을 지닌다. 그 관계는 질서 잡힌 것이었다. 질서는 그리스어로 코스모스(cosmos)로 아름다움을 의미한다. 그것은 인간의 삶의 터에 알맞은 자리를 제공해 주며 한 편으로는 우주의 중심에 있음을 말해 준다. 그래서 그리스 건축공간은 자체의 정체성에 의해서 특징 지워진다. 그것은 장소, 즉 토포스(topos)의 성격에 의해 결정된 결과이다. 우리는 유동적 관계에서 건물을 연결시키는 통일된 원칙들을 보게 된다. 그것은 기하학적으로 굳어진 선에서 이루어지진 않지만 한 형체는 다른 것에 깊은 관계를 맺고 있음을 알게 된다.[55]

우리는 그리스의 신전이 위치한 장소에서 하나의 공간적 이미지를 표현하는 것이 아니라 개별적 의미의 표현을 보게 된다.[56] 그래서 개개 건물들의 형태와 여러 건물이 이루는 모습이, 다시 말해서, 각 건물과 전체 배치가 서로 다른 조직 원리에 근거하고 있음을 보게 된다. 그것은 한국의 건축공간 특히 사찰건축공간에서 보는 장면과도 닮았다(그림 7). 이는 그리스인들은 물론 한국인들도 건축공간을 개개의 장소들로 한정하고자 했을 뿐만 아니라, 서로 다른 기능들은 다른 종류의 공간을 요구한다는 사실을 보여주는 증거들이다.

---

55) 조창한, 고대희랍건축 공간에 대한 연구(III) – 건축구성과 공간의 조직, 대한건축학회지 23권 89호, 1979, p.46.
56) V. Scully, The Earth, the Temple and the Gods, Yale, 1963.

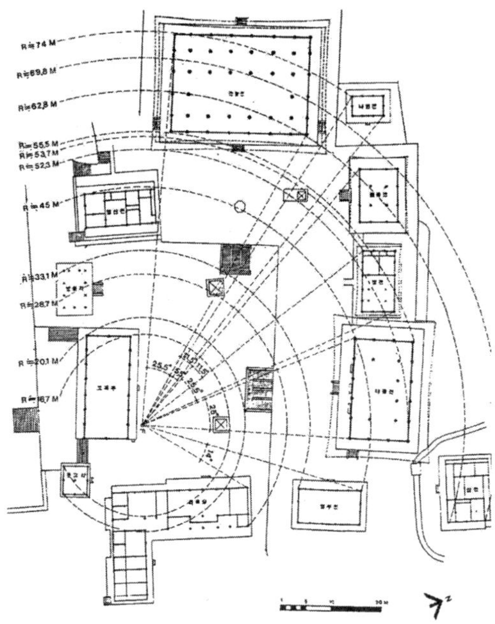

그림 7. 화엄사 배치도

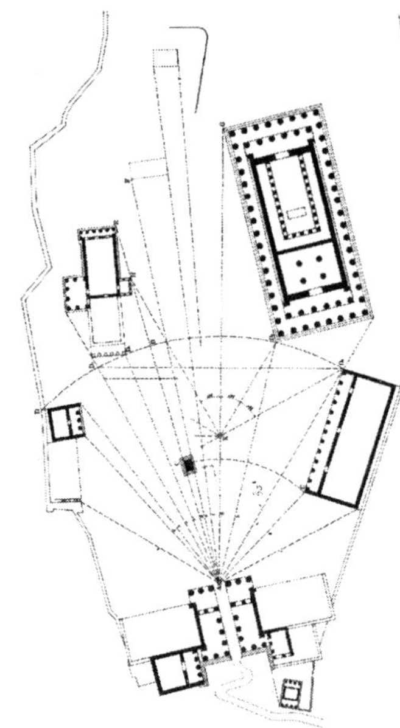

그림 8. 아테네 아크로폴리스

아테네의 아크로폴리스가 그 좋은 예이다(그림 8). 그곳에서 개개의 건물과 전체 구성을 위해 쓰인 기하학 체계는 전혀 다르다. 건물 하나하나에는 직교좌표 체계가 그러나 전체 배치에는 극좌표 체계가 사용되었다. 아리스토텔레스의 "자연 속의 장소"와 "그릇으로서의 장소"에 각기 다른 체계를 사용한 결과이다. 우리는 독시아디스(Constantinos Apostolos Doxiadis, 1913-1975)의 덕분에 이러한 사실을 알게 되었다.57) 때문에 노르베르그-슐츠는 그리스의 건축공간 개념을 다원적이라 한다. 내부 공간에서도 마찬가지다. 조형적 형태를 '고귀하게 단순'하고 '고귀하게 위대하게'58) 끔 다루었던 시기의 당연한 결과였다. 그리스 건축의 조직수법은 단순한 둘러싸임만으로도 특별한 장소나 영역을 구

---

57) C. A. Doxiadis, Architectural Space in Ancient Greece, MIT, 1972 : 본서는 그가 1937년 Berlin Charlottenburg Technische Hochschule에서 받은 박사학위 논문을 출판한 것이다.

58) 고귀한 단순과 고요한 위대(Eine edle Einfalt und eine stille Greöße) : 그리스 조각 작품에 나타난 이상미. 빈켈만(Winkelmann)이 주창한 이 어구는 친구 외저(Adam Friedrich Oeser 1719-1799)의 고대 미술에 대한 평가에서 유래되었다고 한다. 빈켈만은 '고대 미술사'에서 그리스 예술의 본질로 이 말을 반복하여 논술하고 그 의미를 한층 상세하게 설명하였다. '고귀한 단순함과 고요한 위대'라는 미의 원리는 니체의 아폴로적 원리, 즉 디오니소스적인 것에 대립하여 극단적인 것 사이의 조화된 중용의 상태를 표현하는 원리이다. 빈켈만은 이러한 중용의 상태를 건전하고 규범적인 그리스 예술의 유일한 본질로 삼았다. 빈켈만의 '고귀한 단순과 고요한 위대'는 고전의 가치 개념 가운데 중심이 되는 요소 중 하나이다. 이러한 공식이 함축되고 있는 것은 독일 고전주의의 세계관과 예술관의 원천이라고 할 수 있다.

체화하여 중요한 역할을 하는데 있다고 노르베르그-슐츠는 서술한다.59) 그의 글을 읽다 보면, 그리스 신전 건축을 이야기하는지 아니면 우리 한국 고전사찰건축을 이야기하는지 헷갈려진다. 한국 고전건축도 그러하다, 각 건물은 직교좌표체계이나 전체 배치구성은 극좌표체계로 구성되어있기 때문이다.60)

14세기까지 아리스토텔레스의 개념과 플라톤의 개념은 약간만 변형된 모든 공간이론의 원형이었다. 이들 개념은 주로 형이상학적 이유에서 공격 대상이 되었다. 플라톤과 아리스토텔레스의 제자 테오프라스토스(Theophrastos, B.C. 372?-287?)는 스승의 이론을 비판하였다(Simplicius, Physics, 141), 그는 공간이 자립적 존재가 아니라 물체들의 상대적 위치를 결정해준다 하였다. 이렇듯 테오프라스토스는 공간을 서로 연결된 관계들의 체계로 여겼다.61)

로마시대에는 그리스 시대와 같은 공간을 생각하지 않았다. 헬레니즘 이후의 각성이었다. 헤시오디오스의 '카오스(chaos)' 와 플라톤의 '코라(chora, khōra)' 그리고 아리스토텔레스의 '장소(topos)' 와는 다른 해석이었다. 원자론자들과 스토아 철학자들은 공간을 무한한 것으로 이해하여 '케논(kenon)' 즉 허공이라 이름하였다. 또 원자론자들은 원자와 '허공' 외에는 아무것도 없다고 주장한다. 그들은 이러한 원자들이 서로 결합하여서 사물이 생성되고, 또 결합되어 있던 원자들이 분리되어서 사물이 소멸한다고 주장한다. 이렇게 원자들의 결합과 분리가 가능하기 위해서는 원자들이 이합집산할 수 있는 자유롭고 열린 공간이 있어야 한다. 이것을 바로 '허공' 이라한다.

에피쿠로스(Epikuros, B.C. c. 342?-270)에 따르면 원자들은 그 수가 무한하다. 무수한 원자

---

59) C. Norberg-Schulz, Meaning in Western Architecture, 1975 ; 정영수, 윤재희 역, 서양건축의 본질적 의미, 세진사, 1984, pp.82-84. : "단순한 둘러쌈만으로도 특별한 장소나 영역을 구체화하여 중요한 역할을 하게 한다. 내외부의 공간 관계는 환경을 구별하는 주된 수단으로 인식되었다. 지세에 맞게 무리지어 앉음은 신성한 건축에 각각의 개별적 요소를 보존키 위한 기본이다. 그것들은 각 요소의 개성을 보존하기 때문이다. 도시 주거건축은 규칙적 직교체계 내에서 기능적 자유를 고려하기 위해 지세의 성격과 직교의 성격을 결합하고 있다. 그러나 우리는 이러한 직교체계가 기능적으로나 공간적으로 한정되고, 이집트건축에서처럼 어떠한 일반적 개념을 만들지 않는다는 사실을 강조하여 말해야 한다. 그리스의 통로는 대개 지세에 따른 한정된 길이지만, 신전을 독립적 대칭적 유기체로 만들기 위한 엄격한 축적(軸的)조직도 역시 놓치지 않고 있다. 그러나 그 축은 한 건물을 지배하거나 일반적으로 우세한 질서를 나타내는 일 중 어디에도 사용되지 않는다."

60) 조창한, 한국사찰건축과 희랍 신전의 건축공간 구성 비교연구. 1985, 서울대 대학원

61) Max Jammer, 앞의 책, p. 65.

들이 방해받지 않고 움직이기 위해서는 공간 역시 그 크기가 무한해야 한다. 그는 순수하게 비어있는 곳을 '허공(void)' 이라 칭하면서, 복합적 실재 가운데 있는 진공(vacuum)과 구별한다. 그는 '허공' 을 우리가 공간이라고 부르는 것과 동일시한다. 그 안에는 아무것도 없이 비어있는 무한한 크기의 공간이 존재한다. 하지만, 그것은 촉각에 의해 알 수 있는 것이 아니기에 그것을 '만져서 알 수 없는 실체' 라고 부른다. 에피쿠로스의 '허공' 은 무수한 원자로 구성된 물체가 다양한 장소를 차지하는 무대로서 물체들의 위치를 규정하고, 그들 사이의 간격을 부여하며, 움직일 수 있는 코라를 제공한다. 그러므로 에피쿠로스에게 '허공' 은 장소의 원천이 된다.62)

스토아 철학자들 역시 아리스토텔레스의 '장소(topos)' 개념과는 다른 공간으로서 '허공(kenon)' 을 말한다. 그들은 공간을 말할 때 물체를 둘러싸는 용기의 표면이라는 아리스토텔레스의 '장소' 개념을 받아들이지 않는다. 오히려 물체를 둘러싸고 있는 표면 위의 점들 사이에 놓여있는 차원적 연장으로 이해한다. 때문에 스토아 철학자들은 물질적 세계 밖에 '허공' 이 있다고 주장할 수 있게 되었다.

스토아학파의 '허공' 은 '장소' 와는 구별된다. 그 안에는 물체가 없다. 스토아학파에게 이러한 '허공' 과 대비되는 것이 바로 '세계(cosmos)' 이다. 세계는 꽉 차 있으며 충만해 있다는 점에서 '허공' 과 구별된다. 이 세계는 '허공' 이 갖지 못한 '장소' 와 물체들로 가득 차 있다. 세계의 바깥에 무한한 '허공' 이 있다면 세계 안에는 물질로 가득 찬 유한한 '장소' 가 있다. 세계는 '무한한 허공 안에 박혀 있는 섬이다.' 다시 말해서 물질세계는 무한한 '허공' 이 둘러싸고 있는 연속된 물질로 이루어진 섬으로 여겨진다.63)

스토아 철학자들은 공간 문제를 다룰 때 충만한 물질적 세계와 '허공' 이라는 서로 다른 두 대상을 함께 고려한다. 그들은 부분적으로는 비어있지만 부분적으로 특정한 물체로 가득 찬 공간적 연속체가 있다는 사실을 인정하고 이러한 복합체를 일러 '코라(khōra)' 라고 한다. 모든 '장소' 와 외적 '허공' 을 포함하는 우주 역시 이러한 연속체에 속한다.64) 허공과 함께 있는 세계라는 하나의 복합체 안에서 '허공' 과 '장소' 가 '코라' 로

---

62) Edward S. Casey, The Fate of Place, Berkeley University Press, 1996, p.82.
63) Edward S. Casey, 같은 책, p.24.
64) A.A. Long, D.N. Sedlley, Hellenistic Philosophers, Vol. 1, Cambridge University Press, 1975. p.296

화해한다. 스토아 철학자들에게 우주는 물질세계와 함께하는 외적 '허공'이다. '허공'은 세계(cosmos)의 바깥에 있는 극대 허공이요 확장하는 세계에 대해 '코라'를 제공하는 것이다. 이제 '허공'이 제공하는 '코라'와 함께 '장소'와 '허공'이 어우러지는 새로운 공간으로 나가는 길이 열린다. 스토아 철학자들은 '허공'과 함께 있는 세계라는 하나의 복합체 안에서 '허공'과 '장소'가 '코라'로 화해한다.[65]

원자론자들은 원자들의 '허공(kenon)'은, 무수한 원자로 구성된 물체가 다양한 장소를 차지하는 무대로서 무한하다는 점에서, 이전 철학자들의 한정된 공간개념과 구별된다. 뿐만 아니다. 원자론자들의 '허공'개념에는, 연장이라는 의미가 부가되어서, '장소'를 표면으로 한정하는 아리스토텔레스의 공간 이해와도 대비된다. 스토아 철학자들에게 공간은 물체를 둘러싸고 있는 표면 위의 점들 사이에 놓여있는 차원적 연장이다. 따라서 스토아 철학자들은 역시 물질적 세계 바깥에 놓여있는 허공의 존재를 주장할 수 있게 되었다. 그들에게 우주는 물질적 세계와 함께 있는 외적 '허공'이다. 스토아 철학자들에게 공간 문제는 충만한 물질적 세계와 '허공'이라는 서로 다른 두 대상을 함께 고려하는 형태로 나타난다. 이제 '허공'과 함께 있는 세계라는 하나의 복합체 안에서 공간으로 나아가는 길이 열린다.[66] 이런 개념에서 로마인들은 하나의 법칙과 하나의 국가만이 존재한다고 생각했다. 그러나 그것은 모든 사람의 공통적 본질을 강조한 그리스의 스토아철학파의 철학에서 비롯되었다. 이러한 생각은 포세이도니우스(Poseidonius, c. B.C. 135-51)를 거쳐 로마 황제 마르쿠스 아우렐리우스(Marcus Aurelius 121-180) 철학에서 구체화 된다.[67] 이와 같은 기본적 우주 질서의 표현은 모든 로마의 장소에서 볼 수 있다. 그들은 자연을 위대한 체계로 그리고 각각의 세부를 신의 섭리에 의해 조절된 존재로 보았다.

사실 로마건축은 오랫동안 그리스 건축과 혼동되어왔다. 빈켈만(Johann Joachim Winckelmann 1717-1768)과 그의 추종자들은 일반적으로 로마건축을 고전 그리스 건축이 타락한 것으로 보았다.[68] 그리스의 주범(柱範)을 표면 장식으로 격하시켰기 때문이다. 로

---

65) Edward S. Casey, 앞의 책, p.86-88.
66) 이헌재, 이상봉, 강동수, 이중원, 임진아, 공간에 대한 철학적 이해, 라움, 2016, pp.58-59.
67) Marcus Aurelius, 천명희 옮김, 명상록, 도서출판 숲, 2005, VI, 23.
68) Johann Jochaim Winkelmann, Gedanken über die Nachahmung der griechischen Werke in der Malerei und Bildhauerkunst, 1755 ; 민주실 옮김, 그리스 미술 모방론, 이론과 실천, 1995.

마건축은 수 세기 동안 그 웅장함으로 존경을 받아왔지만, 로마인의 업적이 지닌 본래의 가치에 대한 참다운 평가 특히 건축공간에 대한 이해는 아주 최근의 일이었다.

로마인들은 공간을 더 이상 그리스인들처럼 주변 조형체에 종속된 중간물로 보지 않았다. 그들은 공간을 성형되어 표현되어야 할 본체라 여겼다. 그들이 추구한 건축공간은 형태에 의존하기보다는 연속적 표면으로 의도된 벽체들에 의했다. 이집트인들과 그리스인들의 기둥과 보의 가구(架構)식 구조에서는 얻을 수 없는 방법이었다. 그것은 콘크리트의 개발로 연속된 벽체와 볼트 그리고 돔을 형성하도록 틀에 넣어 얻은 결과였다. 이러한 로마인의 공간에 대한 생각은 고대 그리스인들과 달랐다. 그들은 각 부분은 일반적이며 포괄적 이미지에 의해서 결정된다고 생각했다. 그것은 개별적 요소들이 체계적 상호작용에 의한다는 그리스인들의 생각과는 다른 새로운 것이었다.

로마세계에서 장소들은 자체의 특별한 성격에 따라 선택되고 '신성한' 곳으로 받아들여졌었다. 로마는 세계의 중심(caput mundi)이었다. 당연히 모든 길은 로마로 통했고, 도로망의 교차점들은 중요하게 취급되었다. 이런 생각은 건축공간에서도 마찬가지여서 중심에 큰 의미를 두었다. 실용적 로마인들은 적극적 외부 공간은 물론, 내부 공간도 넓고 다양하게 쓰이기를 원했다. 콘크리트의 폭넓은 사용과 새로운 공간 형태들은 이런 바람들을 가능케 했다. 이전의 건물에서 부차적 역할만을 해왔던 볼트(vault)와 돔(dome)으로 지붕을 덮었다. 이렇게 얻어진 내부 공간의 위대한 최초 표현은 네로(Nero, 37-68)의 황금궁전(Domus Aurea, 64-68)에서 볼 수 있다. 상부로부터 채광되는 둥근 지붕의 팔각형 공간

그림 9. 로마 황금궁전의 팔각형 방

그림 10. 판테온 내부

은 황제의 역할에 새로운 신성한 해석을 부여했다(그림 9). 판테온(Pantheon, 118-128)은 그런 건축공간의 극치이다(그림 10). 이런 중앙집중형의 공간은 우주의 상징임과 동시에, 인간은 공간에서 주인이 되는 새로운 공간 경험의 표현이었다. 이런 이유에서 우리는 로마건축이 그리스 건축의 다원적 양상과는 대조적으로 획일성이 그 특징이라고 말한다. 이것은 기본 이미지의 사용뿐만 아니라 그 이미지의 세부표현에 이르기까지 지배적 원리로 적용되었다. 그래서 로마건축은 체계적이다. 공간의 단일어가 없었던 그리스어와는 달리 라틴어 spatium이 서구어에서 '공간'의 어원이 되었음은 어쩌면 당연한 결과인지도 모른다.

한정지어진 우주에 대한 아리스토텔레스의 개념은 무한한 허공의 우주라는 르네상스 사상에 의해서 대치되었다. 그러나 오늘날 우리는 우주가 무한하다는 것을 알고 있지만 이 발견이 인간들의 거주를 개선하지 못하였다. 현대는 현상학적 실존주의자들이 주장하고 있는 것처럼, 우리는 그 속에 살아가는 공간을 무한한 것이 아니라 우리를 보호하고 우리가 안전하게 느낄 수 있는 한정되고 둘러싸여진 속이 빈 오목한 곳으로 생각한다. 다시 말해서 우리는 고대 그리스인이나 중세인과 같이 하늘을 태양이 떠올랐다가 다시 지는 오목한 돔(dome)으로서 경험한다. 이렇게 우리가 체험하는 공간은, 세계 공간은 무한하다는 코페르니쿠스(Nicholas Copernicus, 1473-1543)의 사고는 물론 다른 모든 지식체계의 도움에도 불구하고, 그 존재가 본질에서 여전히 유한하다는 것이다[69]. 어쨌든 우주가 무한한 것임은 분명하여도, 우리가 거주하는 지표면은 모든 생명체가 장소를 찾을 수 있는 유한한 전체 상(像)을 형성한다. 이와 같이 무한의 개념은 장소의 이론에 의해서 존재에 관계하는 조화의 개념으로 변형되어왔다.[70]

---

69) Otto Friedrich Bollnow, 앞의 책, p.389
70) Cornelis van de Ven, 앞의 책, p.36.

3. 중세 기독교의 건축공간

중세 철학에서 예지적(叡智的) 공간은, 실재의 공간에 선행하고 물질적 우주 밖의 영상(映像)으로서, 무한하게 퍼져 있다고 설명되었다. 중세 우주론에서는 근본적으로 지구 공간과 천체 공간으로 나뉘었다. 지구가 죽음과 변화의 세계라면, 천체는 불멸, 불변, 그리고 영혼의 세계라 믿었다. 육체와 영혼의 대비 그리고 지구 공간과 전체 공간의 우주론적 이원론이었다. 이러한 우주론적 이원론은 형이상학적 이원론의 반영으로 이해되었다.[71] 그것은 종교의 영향을 크게 받은 중세 철학의 영향이었다. 우리는 서구 중세 철학을 그리스도교 철학이라 한다. 당시 철학자들이 추구한 근본적 주제는 '믿음'과 '앎'의 관계였으며, 각 시대의 대표자 역시 모두 성직자였기 때문이다.[72]

서구문화의 가장 두드러진 특징 중의 하나는, 지난 3천 년 동안의 철학과 종교가 지나치게 이원론적이어서, 실재를 물질과 정신으로 엄격하게 분리했다는 점이다. 이러한 이원론은 고대 그리스와 유대-기독교 문화로부터 물려받은 것이다. 그리스인에게 인간은 육체(soma)와 정신(pneuma)으로 이루어진 피조물이었다. 피타고라스, 플라톤, 아리스토텔레스 모두 인간과 우주를 이와 같이 양극의 조건으로 바라보았다. 그리스인들이 정신이라고 지칭하던 것은 초기 기독교 시대에 유대인의 사고체계로 흡수되었다. 이렇게 그리스와 유대의 지적 조류가 서로 융합되면서 기독교에서 영혼이라는 매우 복잡한 신학적 개념이 탄생하게 되었다. 이러한 형이상학적 이원론은 중세의 우주론에 그대로 반영되었다.

중세의 기독교도들에게 천체의 세계는 지구의 세계와 질적으로 달랐다. 그 차이는 그들의 세계관의 핵심이었다. 지구가 죽음과 변화의 세계라면, 천체는 불멸 불변 그리고 영원의 세계로 믿었다. 지상의 존재들이 인간의 육체처럼 일시적이라면, 천상의 존재들

---

71) Margaret Wertheim, The Pearly Gates of Ccyberspace, 1999 ; 박인찬 역, 공간의 역사, 생각의 나무, 2002, p.163.

72) 교부철학(2-7C.) 시대의 아우구스티누스(Aurelius Augustinus, 354-430)를 비롯하여 스콜라철학(9-14C.) 시대의 아퀴나스(Thomas von Aquinas, 1225-1274)처럼 그 시대의 철학의 대표자는 거의 모두 성직자였다.

은 인간의 영혼처럼 영원하다고 생각했었다. 중세 세계관의 커다란 강점 중 하나는 형이상학적 이원론에 나타난 바로 이러한 육체와 영혼의 대비, 그리고 지구 공간과 천체 공간의 우주론적 이원론이었다. 우주론적 이원론은 형이상학적 이원론의 반영으로 이해되었다.

중세인들은 천체 공간을 지구 공간과는 질적으로 다르다고 생각하여 우주를 비등질적으로 보았다. 그들은 행성과 항성들에는 신과 천사들이 사는 천국으로 이해했다. 우리는 단테(Dante Alighieri, 1265-1321)의 [신곡(神曲, La Divina Comedia, 1308-1321 : 진영선 지음, 단테의 신곡 읽기, 그물코, 2013] '천국편' 에서 아름답게 묘사된 중세 우주론과 신학의 면모를 볼 수 있다.

이러한 중세의 사상은 교부철학(敎父哲學, Patristics, 2~7C)에서 시작되어 스콜라철학(Scholastics, 9-15C)으로 발전해나갔다. 교부철학은 아우구스티누스(Aulerius Augustinus, 354-430)의 사상을 기반으로 하였다. 그는 진리를 탐구하는데 신플라톤주의적 사고 방법을 적용하였다.[73] 그 과제는 신앙과 이성, 신비와 합리라는 두 가지 상반되는 요소를 조화시키는 일로써 스콜라 신학에 의하여 완성되었다. 스콜라철학은 아퀴나스(Thomas Aquinas, 1225?-1274)로 대표되며, 아리스토텔레스의 영향을 강하게 받은 사상이다. 고대 그리스 철학 특히 아리스토텔레스의 철학은 아랍인들의 번역을 통해서 부활되었으며 신학에 엄청난 영향을 주었다. 건축에서 조형이론까지도 예외 없이 그 속에서 이루어졌다. 게다가 진공에 대한 그의 거부반응은 중세 유럽의 정황에 꼭 들어맞았다.

중세 기독교 시대 서구문화의 주요한 특징은 영혼에 대한 지대한 관심이었다. 그런 관심은 로마제국이 몰락한 5세기부터 르네상스가 시작된 15세기에 이르기까지 약 천년 가량 지속되었다. 웅장한 대성당과 같은 중세의 위대한 업적들도 그 궁극적 목적은 영혼을 풍요롭게 하는 데 있었다. 그러나 중세 건축이론도 문헌을 통하여 그 전모를 알고 이해하는 데는 어려움이 따른다. 건축만을 다룬 유일한 저서로는 실기의 각서(覺書)적 성격을 가진 오너쿠르(Villard de Honnecourt, 1235년 경)의 [화첩(畵帖, Album)][74]

---

73) 신플라톤주의 철학자 플로티노스(Plotinus, 205-270)는 플라톤의 이데아 세계를 포괄하는 신비적, 초월적인 한 존재를 내세워 이를 신이라 하였고 만물은 신에게서 유출된다고 설파했다.

74) l'Album de Honnecourt(ca.1235)는 양가죽에 손으로 쓴 화첩이다.

유대교와 기독교의 종교적 전통이 1세기부터 8세기까지 물리적 공간이론들에 큰 영향을 주었다는 데는 의심이 있을 수 없다. 그 핵심은 공간이 신의 속성이며 심지어는 신과 같다는 주장에서 절정을 이룬다. 공간과 신의 연결을 가장 먼저 내세운 것은 1세기 팔레스타인 유대교에서 '장소(makom)' 라는 용어를 신의 이름으로 사용한 데 있다. 그리스 철학에서는 '장소' 라는 단어를 신의 명칭으로 사용하지는 않았다. 그리스 사상에서는 신과 공간의 결합이 허용될 수 있다 해도 거의 역설적 특성을 지니는 매우 추상적 영역일 뿐이었다. 이 시기의 유대신학에서 아마도 훨씬 이전에 '장소' 로 신의 이름을 대신하는 일은 보통 있는 절차였다. 유대교에서 신학적 견해가 점점 더 추상적이고 보편화되면서 '장소' 의 원래 의미가 잊혀졌다. 그 단어는 공간적 제한을 함축하지 않는 신의 명칭이 되었다. 신의 편재(遍在, omnipresence) 즉 모든 곳에 다 있다는 개념은 이른 시기에 중요한 개념이 되었다. 그러나 이렇게 신이 여기와 저기에 동시에 있다는 생각은 유대교 신학에서 범신론으로 빠지지는 않았다. 이 생각은 도리어 신과의 관계 표현으로 공간과 신을 연결하게 되었다. 이는 후기 유대교 문헌에서 신의 이름인 '공간' 이나 '장소' 라는 용어가 빈번하게 나타나는 까닭이 된다.

또 다른 경향은 공간과 빛을 같게 여긴 일이다. 사실 선사시대부터 빛은 초자연적 힘들의 상징이었다. 신의 모든 형상을 금지하는 성경에서조차도 빛을 신이 인간에게 보일 수 있는 매체로 사용하고 있다. 신은 불타는 떨기나무 가운데 모세에게 나타났고(출애굽기 3장 4절), 불기둥이 이스라엘 자손들에게 이집트에서 출애굽의 길을 보여주었다(출애굽기 13장 21절, 신명기 14장 14절). 이렇게 빛을 신으로 삼는 일(apotheosis)은 후기 플라톤주의와 중세 신비주의의 근본 특징이 되었다. 중세 자연 철학은 보다 진지하게 빛을 세계에서 가장 '고귀한' 존재로 받아들였다. 결국 13세기에 광학과 수학에 큰 관심을 갖게 된 이유도 신플라톤주의적 공간개념에 있었다.[75]

아우구스티누스는 건축에 관심을 보인 최초의 교황이었다. 그는 신학에서처럼 건축조형 이론도 기독교 교리에 적합하도록 손질했다. 물론 당시의 모든 사고와 행위는 직접 신앙에 의하였다. 이성은 다만 하나님의 계시를 분명히 하는 수단이었다. 모든 인간 행위의 궁극적 목표는 하나님의 뜻에 부응하는 것이었다. 이러한 사고방식 속에서 아름다

---

75) Max Jammer, 앞의 책, pp.95-98.

운 조형에 대한 신념은 하나님이 곧 아름다움이라는 믿음에 기반을 두었다. 가시적 사물에서 아름다움의 본질은 두 가지 측면에서 이해되었다. 그것은 합리성에 속하는 비례와 신비성에 속하는 빛(en)이었다. 이 빛은 곧 신이요, 신은 아름다움 그 자체였다. 한편, 비례는 우주의 조화를 수(數)로 이해하는 그리스 철학에서 비롯되었다. 이 비례는 일찍이 아우구스티누스의 기독교적 미학에 입각하여 추구한 조형이론에서 중심 자리를 차지하고 있었다. 그것은 그리스 사상에서 시작되었으나 사색만의 귀결이나 단순한 합리주의만은 아니었다. 이러한 바탕에서 아우구스티누스는 음악과의 관련에도 큰 관심을 가졌다. 우주 음악론은 보다 구체적 미(美)개념을 이끌어내기도 하였다. 그것은 소우주와 대우주의 전체적 조화를 가리키는 것이었다.76) 이 조화로운 통일을 어떤 간결한 수의 비례에 의한 척도 관계로서 이해하고 있었다. 조형의 이러한 수적 비례에 대한 존중은 중세에도 계속되었다.

스콜라학파의 철학자들은 신의 미학과 고전 미학을 융합시키기 위해 더욱 복잡한 이론을 세웠다. 토마스 아퀴나스에 의하면 “미에는 세 가지 조건이 필요하였다. 첫째는 무결(integritas) 혹은 완전성(perfectio)이다. 완전하지 못한 것은 그 이유만으로도 추한 것이라고 할 수 있다. 둘째로 적절한 양의 비례(proportio)로 여러 부문의 조화(consonantia)이다. 셋째로 명철(明哲, claritas), 즉 화려한 색채를 갖는 것은 미(美)라고 할 수 있다.77) 앞의 두 가지는 아우구스티누스로 비롯된 것이고, 세 번째의 명철함, 즉 화려한 색채 역시 빛과 연관되었다. 그 빛은 자연과학에서 다루어지는 빛과는 아무런 관계가 없는 전적으로 형이상학적이며 신비한 것이었다. 여기서 태양 빛은 무시되거나 보조적이었다.

고전건축에서 아름다움은 건축 그 자체에 있었다. 그러나 중세 특히 중앙 집중 공간의 비잔틴에서는 본체에 부가된 장식도 미적 요소에 포함되었다. 건축미에서 장식의 인지는 이미 로마건축에서도 나타났지만, 비잔틴에서는 빛과 색의 신학적 해석에 힘입어 건축미의 세계에 높은 자리가 주어졌다. 이들은 감각으로 포착될 수 있는 영역을 초월한 빛의 분명함으로 나타내었다. 그것은 형이상학적이며 신학적인 것으로 빛의 아름다움이 돋보이는 것이다. 이처럼 빛을 아름다움의 근본으로 보는 경향은 성서에 근거를 두고 있다.

---

76) Umberto Eco, Arte e belleza nell'estetica medievale, 1959 ; 손효주 역, 중세의 미와 미술, 열린책들, 1998, p.71.

77) Summa Theologica I, 38-39 ; 정의채 역, 神學大全, 성바오로 출판사, 1993

빛의 형이상학은 신플라톤주의에서 시작되어 아우구스티누스를 거쳐서 아퀴나스에 의해 완성되었다. 그것은 정도 차이는 있었지만, 중세 전반에 걸쳐 지속되었다. 그 실현은 교회당의 스테인드글라스에서 극에 달했다. 그 빛은 성당 안을 밝게 해주는 자연의 태양 빛이 아니라, 스테인드글라스 자체가 빛남으로서 성당 안의 물리적 공간을 초월적 상징 공간으로 바꾸는 신성한 빛의 벽이었다. 이 커다란 스테인드글라스 창은 이미 성당 안팎을 연결하는 개구부를 넘어섰다. 그것은 성당 내부 공간을 세상과 격리시키는 빛의 울타리가 되었다. 빛과 수적 조화의 이런 상징적 해석은 수 세기를 내려오면서 그리스도교 사상 속에 자리 잡았다. 그것은 공간의 통일이라는 관념으로까지 심화되었다. 또 초기 기독교회의 교인들에게 회당을 신의 신성한 집(edificium templi Dei)으로 생각게 하였다. 교인들의 집회 장소는 로마의 바실리카를 개조하여 물리적 기능이 충족되었으나 정신적 기능을 만족시키는 일은 수월치 않았다. 그들은 바실리카를 이른바, 신비체(神秘體, corpus Christi mysticum)의 닮은 꼴, 즉 예수를 머리로 하고 신자를 지체(肢體)로 하는 모습으로 구현시켰다. 이러한 관념은 회당과 건물 그 자체에 확고한 정적 성격을 요구하였다.

한편 공허한 현실 세계에 존재하는 인간은 신이라는 초시간적 존재를 본격적으로 포착할 수는 없다. 다만 그것을 희구(希求)하여 노력하는 것만 가능하다. 그러므로 성당은 이 소망을 구체화해야 한다는 사명도 요구되었다. 이러한 것을 우리는 바실리카 교회 공간에서 볼 수 있다. 건물 내부의 주열은 입구로부터 제단을 향하여 축선을 형성하고 시선의 움직임과 걸음으로 동적 구성이 이루어지게 하였다. 이러한 운율적 구성은 로마네스크에서 고딕으로 변천하면서 더욱 현저하게 나타난다.

이렇게 만들어진 성당 건축공간에 대하여 기록된 문서에서 구조체와 빛의 관계를 엿볼 수 있다. 그것은 프로코피우스(Procopius, c.500-c.562)의 [건물에 관하여(Peri Ktismaton)]와 실렌티아리우스(Paulus Silentiarius, d. c.580)의 [성 소피아 교회당 기록(Descriptio Sanctae Sophiae)]이다. 이 두 문서는 모두 비잔틴 건축의 성 소피아 교회당에 관하여 기술된 것인데, 여기에서 중세 교회건축 전반의 공간에 대한 해석을 엿볼 수 있다.[78] 먼저 구조체와 현상적 공간의 관계에서 프로코피우스는 성당의 상부를 덮는 돔을 단순한 석조 구조물로 보지 않았다. 돌의 물성(物性)을 내던지고 가볍게 하늘에 매달려 있는 성당 공간의 피

---

78) 森田慶一, 建築論, 1978 ; 양광용 역, 건축론, 동명사, 1985, p.159.

복으로 본 것이다. 이것은 고전건축에서 구조체를 공학적으로 받아들이는 것과는 다른 태도이다. 즉 질서 있고 조화를 이룬 형태로 의탁하려는 소위 자연주의적 사고와는 다르다. 이 태도는 구조체를 초월적 상징, 즉 신의 주거가 의탁된 가상(假象)을 짊어진 무대장치처럼 보는 상징주의적 사고방식이라 할 수 있다. 다음으로 빛과의 관계에서 프로코피우스가 가장 먼저 성당 안에서 감지한 것은 공간 구석구석까지 퍼져 있는 형이상학적 빛이었다. 실렌티아리우스 역시 교회를 색 구슬의 초원으로 보았다. 고전건축에서 형태를 명료하게 하는 역할을 했던 빛과 그림자 그리고 배색이 중세에서는 신의 본질에 속하는 것으로 이해하였다. 그것은 장식으로 표현되어 건축미의 한 원리가 되었다.

이와 같이 중세 기독교 공간은 빛인 하나님이 임재하는 공간 그 자체로 이해되었다. 그것은 밝은 빛이 조화로운 우주 공간에 가득 차듯이 하늘을 상징하는 비잔틴의 돔 구조나 천공 자체로 표현된 고딕 볼트의 천장구조로 구축되었다. 또 공간을 수(數) 자체와 그것이 이루는 비례에서 리듬으로 전환시켰다. 그것은 세부장식에서부터 내 · 외부 공간을 이루는 구조체에 이르기까지 적용되었다. 이 모든 것들은 귀로 얻는 지식이나 정보가 눈으로 얻는 것보다 훨씬 신뢰할 수 있다고 생각하는 중세인들의 신념이었다. 이렇게 물체로 구축된 공간을 아름다운 음악으로 들리게 하였다. 이것이 중세 공간의 기독교적 표현이다. 이처럼 비례와 빛으로 표현되는 공간개념은 하나님은 최고의 미(美)이며 무소부재(無所不在)한 존재라는 매우 포괄적 철학적 개념에서 비롯된다. 여기에 바탕을 두고 중세의 거장들은 독창적 내부 공간을 창출했다.

고딕 성당을 돌로 세워진 스콜라철학이라고 일컫는 파노프스키(Erwin Panofsky, 1892-1968)[79]나, 감각의 영역에 속하는 건축공간은 정신의 영역에 속하는 형이상학적 빛의 개념과 전혀 별개의 것이라고 지적하는 얀첸(Hans Jantzen, 1881-1967)[80]의 주장이 어떻든 우리는 중세 건축공간에서 빛과 수의 조화를 볼 수 있다. 이러한 공간은 19세기 헤겔(Georg Wilhelm Friedrich Hegel, 1770-1831) 이후 많은 근대 건축 이론에서 핵심 과제로 생각하게 되었다. 고딕 시대의 이러한 인식은 19세기 신고딕적 절충주의의 양식을 추구케 하고 또 1

---

79) Erwin Panofsky, Gothic Architecture and Scholasticism, 1948 ; 김율 옮김, 고딕건축과 스콜라철학, 한길사, 2015.

80) Hans Jantzen, Über den Gotischen Kirchenraum, Freiburger Wissenschaftliche Gesellschaft, Heft 15, 1928, reissued by Mann, Berlin, 1951.

차 대전 후 표현주의와 바우하우스 운동으로 남아 있기도 했다. 고딕의 내부 공간에 대한 현재의 모든 해석, 예를 들면 니체(Friedrich Wilhelm Nietzche, 1844-1900)의 디오니소스적 공간개념이나 슈펭글러(Oswald Spengler, 1880-1936)의 파우스트적 공간개념과 같은 해석은 역사적 관점에서 순수 이론적이며 사색적이다. 이러한 해석들은 중세의 견해라기보다는 현대의 견해에 의해서 더 많은 것을 시사하고 있다. 하나의 이념으로서 공간과 고딕의 내부를 의식적으로 결합시키는 것은 실제 고딕 대성당에서는 명쾌하게 볼 수 없다. 그러나 형태의 자율성이 공간개념을 포함하는 많은 이론을 제기하고 있는 것도 사실이다. 그러기에 고딕 대성당의 경이로움을 인식하지 못하고 근대 건축 이론으로 들어가는 것은 공간의 의식적 개념을 이해하는 데에는 바람직하지 못하다고 얘기한 반 드 벤의 이야기에 귀기우릴 필요가 있다[81]

---

81) Cornelis van de Ven, 앞의 책, p.28.

4. 이성 시대의 건축공간

서양문명의 실제적 시작을 중세 말기와 르네상스의 초기라 하여도 지나치지 않는다. 인쇄기의 발명(1450), 튀르키예의 콘스탄티노플 점령(1453), 아메리카대륙의 발견(1492), 종교개혁(1517), 그리고 태양중심설에 관한 코페르니쿠스(Nicolaus Copernicus, 1473-1543)의 책 출판(1543) 등 커다란 사건들이 연속적으로 일어나면서 세상을 바꾸어 놓았기 때문이다.

돌이켜보면 토마스 아퀴나스(Thomas Aquinas, 1225-1274)가 죽은 지 채 몇 년도 안 되어 기독교 문화에 틈이 벌어지기 시작했다. 철학과 과학은 신학에서 점점 멀어졌다. 중세에서는 이성이 과장되게 신뢰되었다. 그러나 이제 사람들은 자연을 알차게 경험하고 관찰과 실험을 바탕으로 새롭게 탐구해야 한다고 생각했다. 이 새로운 방법은 자연을 인간 고유의 감관(感官)으로 탐구하는 것이었다. 물론 이런 경험적 방법은 고대에도 있었다. 아리스토텔레스도 자연에 대해 여러 가지 중요한 것들을 관찰했었다. 그러나 체계적 실험은 아주 새로운 일이었다. 이 방법은 자연을 인간 고유의 감관(感官)으로 탐구하는 것을 중요하게 여김에서 비롯되었다.

중세 우주론에서 우주는 지구 공간과 천체 공간으로 나뉘었다. 당시 기독교도들도 같은 생각이었다. 그들은 지구가 죽음과 변화의 세계라면 천체는 영원의 세계라고 믿었다. 중세의 우주는 기본적으로 비등질적이었다. 근대 과학적 우주론과는 너무나 대조적이다. 이 점은 단테가 [신곡]의 '천국편' 에서 아름답게 표현한 중세 신학과 우주론의 중요한 밑거름이었다. 그러나 이러한 비등질적 우주를 동질적으로 보는 견해는 르네상스 화가들이 발전시킨 공간관에서 추론되었다.

14세기에 이르러서는 아리스토텔레스의 물리학, 특히 그의 공간이론은 철저히 비판받았다. 지구 공간도 천체 공간의 일부로 보았기 때문이다. 비판한 최초의 인물들은 하스다이 크레스카스(Hasdai Crescas, 1340-1410/1411)와 니콜라우스 쿠사누스(Nicholaus Cusanus, 1401-1464)였다. 아리스토텔레스의 장소 정의를 거부하는 대안은 크레스카스에서 나왔다. 그는 아리스토텔레스의 장소의 정의에서 부당한 점들을 제시하면서, 담체(潭體, con-

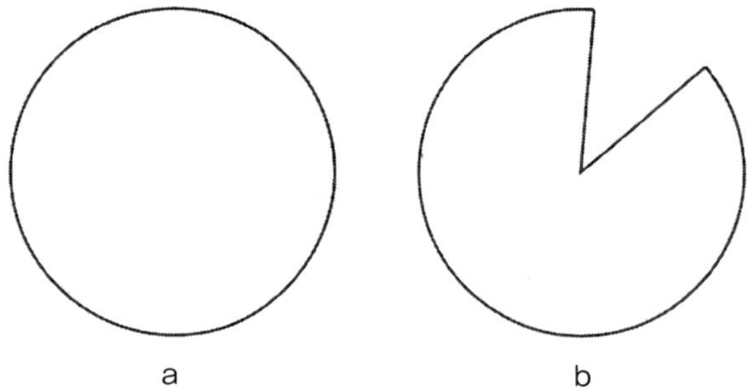

그림 11. 아리스토텔레스에 의하면 사물의 장소는 그것의 외부 경계선과 동일하다. 여기서 부분의 장소가 전체보다 커지는 모순이 발생한다.

taining body)에 붙어 있는 평면이라는 아리스토텔레스의 장소 이론을 거부하였다.82)

쿠사누스는 지구 공간과 천체 공간을 중세 방식으로 구분하는 것에 반기를 든 최초의 인물이었다. 그는 바깥 경계선이나 중심점 같은 것은 우주에는 없다고 하였다. 물론 바깥 경계선이 없다면 우주는 필연적으로 끝이 없는 무한한 공간일 수밖에 없다. 그렇다면 무한한 우주 공간에는 중심이 있을 수 없다. 따라서 지구는 우주의 중심이 아니다. 물론 다른 천체도 마찬가지다. 이렇듯 크레스카스와 쿠사누스의 이론들은 그 시대를 앞서 있었다. 그들의 공간이론을 현대적이라고 하는 것은 바로 위치와 운동의 상대적 특성에서다. 그러나 공간개념이 아리스토텔레스의 전통에서 벗어나기 위한 후속 논쟁은 16세기에 이르기까지 이어지지 못했다.

코페르니쿠스는 그의 임종 직후에 발간된 [천체의 회전에 관하여(De Revolutionilous Orbium Caelestium, 1543)]에서 지구를 비롯한 모든 혹성(惑星)은 태양의 둘레를 공전한다고 주장한다. 이 발견은 '공허한 공간'의 존재를 거부하는 고전적 장소 이론에는 치명적이었다. 지구는 인간세계의 정적 중심이 아니라는 견해는 당시 사회를 이끌었던 신교와 구교에서 모두 이단으로 취급되었다. 그러나 약 100년 후 갈릴레오 갈릴레이(Galileo Galilei 1564-1642)는 지동설을 더욱 공고히 하였다. 그의 지동설은 아리스토텔레스 학자들과 교황청 당국자에게 배척되어 결국 교황청은 이 학설을 금지시켰다(1616). 그러나 갈릴레이는 코페르니쿠스의 태양계 이론을 지지하는 [천문학 대화(Dialogo sopra i due massimi del mondo)]를 1632년에 출판하였으나 곧 종교재판에서 금지령이 내려졌다. 그럼에도 새로운 절대 공간개념이 발전되어 17세기 말에는 뉴턴의 철학에서 결실을 맺었다.

---

82) 크레스카스가 암시한 아리스토텔레스의 모순을 제자 알보(Joseph Albo, 1380-1444)가 역설적으로 자세히 설명하였다. 부분의 장소는 전체의 장소보다 더 커지는 결과를 가져올 수 있다는 것이다. 그림 11 (a)에서 설명되는 것처럼 구체(球體)를 살펴보자. 그리고 (b)처럼 오목한 부분을 만들어보자. 새로운 물체는 분명히 구의 부분인데도 전체 구보다 더 큰 '장소'를 차지한다. 이는 상식이나 유클리드 기하학과 모순되는 결론이다.

이렇게 16세기에 이르러서는 장소로서의 공간과 우주의 유한성에 대한 아리스토텔레스의 이론이 시들기 시작하였다. 먼저, 아리스토텔레스의 공간개념에는 텅 빈 공간에 대한 두려움이 깔려있다. 때문에 공간 자체는 부피를 가질 수 없으며, 단지 사물을 둘러싼 대기의 면 즉 표면뿐이라고 주장했다. 그의 세계관에서 물질은 모든 틈을 채우며, 공간은 하나의 물질을 다른 물질과 구분 짓는 일련의 경계선일 뿐이었다. 그에게 진공은 생각조차 싫은 것이었다. 그것은 무의 세계를 함축하고 있기 때문이다. 이런 아리스토텔레스의 생각은 중세 유럽의 상황에 꼭 들어맞았다. 기독교의 창조에 관한 믿음의 전통을 갖고 있었기 때문이다.

그림 12. 조토, 아레조 시에서 악마들을 쫓아내는 성프란체스코 : 건물에만 깊이가 표현되고 건물과 건물 사이의 공간에서는 3차원을 느낄 수 없다. 그림 속 사물들 자체는 유클리드적인데 주위 공간은 여전히 아리스토텔레스적으로 표현되었기 때문이다.

물론, 아리스토텔레스의 공간은 단지 사물의 표면일 뿐이어서, 부피를 가질 수 없기에 깊이는 없다. 이러한 사실은 당시 사실주의 화가들에게 끼친 의미는 컸다. 그것은 오직 개별적 사물들만이 깊이의 환상을 불러일으킨다. 그러나 사물과 사물 사이의 중간지역은 그렇지 못하기 때문이다. 이런 점은 조토(Giotto di Bondone, 1266?-1337)의 작품에서도 나타난다.[83] (그림 12)

텅 빈 공간은 오늘날에는 매우 자명해 보이지만 당시 사람들에게 엄청난 어려움이었다. 그것을 논리적 주장만으로는 깨뜨릴 수 없었다. 논리보다 강력한 수단은 있었다. 그것은 투시도법의 창안이었다. 예술가들은 과학자들보다 먼저 확장된 물질 공간에 일관된 의미를 부여할 수 있는 방법을 찾아내었다. 그것은 투시도법으로 3차원 공간 안에 있는 사물을 2차원 표면 위에 재현하기 위한 일련의 규칙을 공식화하면서 드러났다. 15세기 브루넬레스키(Filippo Brunelleschi, 1377-1446)에서 출발하여 레온 바티스타 알베르티(Leon Battista Alberti, 1404-1472), 피에로 델라 프란체스카(Piero della Francesca, 1420?-1492), 그

---

83) Margaret Wertheim, 앞의 책, p.137.

리고 레오나르도 다 빈치(Leonardo da Vinci, 1452-1519)와 같은 화가들은 그 규칙을 개발했다. 그들이 개발한 것은 공간 자체의 이론보다는 재현의 이론이었다. 그렇더라도 그들의 선구적 업적들은 오늘날 우리가 알고 있는 물질 공간의 현대적 개념 발전에 크게 기여하였다.

르네상스의 건축가들이 바라는 건축 조형의 아름다움은 천상의 우주 공간처럼 조화로운 것이었다. 그 방법은 기하학으로서 시각적 효과를 얻을 수 있다고 생각했다. 이 우주 조화의 핵심은 대우주와 소우주의 조화를 결정짓는 수학적 비율이라 생각하였기 때문이다. 르네상스인들에게 완벽한 기하학적 도형은 원형(圓形)이었다. 신의 존재는 완벽한 기하학 형상인 원의 중심과 원주(圓周)로서 구체화되어, 거기에 특별한 의미가 부여되었다. 이러한 생각 역시 쿠사누스에서 비롯되었다.[84] 이와 같은 정의는 이미 플라톤에 의해 활기를 되찾아 [티마이오스]에서는 우주론적 신화의 중심 개념이었다. 이것은 또한 신플라톤주의 창시자인 프로티노스(Plotinos, 204-270)의 작품들 속에서 그리고 거짓 디오니시오스(Pseudo-Dionysios)의 저서[85] 에도 나타난다. 그러나 디오니시오스의 위서(僞書)는 중세의 신비주의 신학자들로부터 추앙받던 저서였음에도 불구하고 신을 원(圓)과 구(球)로 표현하려는 생각이 15세기에 와서야 새롭게 부각되기 시작한다. 그 이유를 15세기 이탈리아 예술가들의 새로운 과학적 태도에서 찾아볼 수 있다. 그들은 자연의 모든 것에 대하여 연구하였고, 책으로 전해 내려오는 모든 것들도 항상 실제와 일치하는지에 관심을 가졌기 때문이었다.[86]

15세기 이탈리아 예술가들은 조형의 문제를 수학적으로 해석하여 일반화하는 데 큰 역할을 하였다. 그들은 가시(可視)적 세계와 가지(可知)적 세계 사이의 상관관계를 발견했다. 그것은 중세의 아리스토텔레스적 스콜라철학은 물론, 초자연적 신학과도 아무런 관

---

84) 쿠사누스에게 수학은 신의 비밀을 통찰하는 도구로 쓰였으며, 이때 신은 수학적 상징의 존재로만 주시되었다. 그는 신의 존재를 가장 실질적 유형 또는 가장 완벽한 형상인 원의 중심과 원주로 구체화하였다. 무한한 원이나 구(球)에서 중심과 지름, 원주는 동일하기 때문이었다. 원과 구의 상징에 따라 신을 기하학적으로 정의하는 것은 고대 그리스의 신 오르페우스를 시조로 삼고 디오니소스를 숭배했던 오르페우스파 시인들에게서 그 근원이 시작되었다.

85) 거짓 디오니시오스(Pseudo-Dionysios)의 저서는 1세기 아레오파고스의 재판관 디오니시오스(Dionysios Areopagita)의 저서라고 믿어왔으나 19세기에 이르러 6세기 초의 인물로 판명되면서 그 이름 앞에 '거짓(Pseudo-)' 이라 이름 붙인 저서이다.

86) Rudolf Wittkower, Architectural Principles in the Age of Humanism, 1971 ; 이대암 역, 르네상스 건축의 원리, 대우출판사, 1997, pp.67-70.

계가 없었다. 이런 그들에게 건축은 공간 단위로 구성되는 과학적 수학으로 간주되었다. 그들은 우주적으로 타당한 비율을 재창조할 수 있었다. 그들은 추상적 기하학에 가까운 순수하고도 절대적 비율을 발견할 수도 있다고 믿고 있었다. 또 원근법이라는 과학적 해석 방법에 의해 우주 공간의 여러 부분을 발견해냈다. 그들은 우주의 조화가 특히 종교적 건축공간에서는 반드시 실현되어야 한다고 믿었다.

소우주와 대우주의 상응과 그것의 조화인 구조를 믿는 일, 그리고 중심, 원형, 구형(球形) 등의 수학적 기초를 통해 신을 이해할 수 있다고 믿는 일, 이 모든 것들은 고대에 근원을 둔 것으로 중세 철학과 신학에서는 불문에 붙여진 교의(敎義)에 속했었다. 그러나 르네상스에 와서는 새 생명을 얻어 마침내 교회건축 공간에서 구체적으로 표현되었다. 그렇게 얻은 집중식 교회들은, 특히 종교개혁 이후 성직자들의 반대에도 불구하고, 17세기와 18세기 건축에서도 중요한 위치를 차지하였다. 이렇게 우주에 대한 신플라톤주의적 수학적 해석은 그 긴 수명을 유지할 수 있었다.87)

르네상스의 건축가들 역시 건축공간 자체에 대해서는 언급하지 않았다. 물론 건축을 학문(scientia)으로 본 알베르티는 건축서를 건축 조형의 기법뿐만 아니라 그것을 뒷받침하는 이론까지 서술하였다. 이러한 신념은 안드레아 팔라디오(Andrea Palldio, 1508-1580)를 포함한 모든 르네상스 건축가들이 가지고 있었다. 그러나 그들이 개발한 것은 공간 자체의 이론이라기보다는 재현의 이론이었다. 그 열쇠는 3차원 공간 안에 있는 사물을 2차원 표면 위에 재현하기 위한 일련의 규칙들을 공식화하는 것이었다. 그렇더라도 그들의 선구적 작품은 오늘날 우리가 알고 있는 물질 공간의 현대적 개념이 발전하는데 크게 기여하였다.88)

르네상스의 건축가들은 흥미로운 사실들을 이용할 수 있었다. 먼저 이미 언급된 투시도법이었다. 1425년에 피렌체 화가들이, 어쩌면 브루넬레스키가, 투시도법을 발견하면서, 공간적 관계에 대한 새로운 개념이 생길 수 있었다.89)게다가 음정이 화음을 이룰 때

---

87) 같은 책, pp.70-73.

88) 같은 책, p.145.

89) Henri Lefebvre, La production de L'espace, 1974 ; 양영란 옮김, 공간의 생산, 에코리브르, 2011, p.141 : 당시 이탈리아 토스카나 지방에는 실편백나무들이 늘어선 가로수 길이 소작인들의 주택과 지주들의 대저택을 이어주었다. 그런 풍경에 나타나는 원근은 방향을 일러준다. 이런 원근은 도시 광장을 에워싸는 건축물 사이에서 소실된다. 예술가들은 원근법을 발견하고 이를 이론화했다.

에는 정확히 물리적 차원에서 수에 비례한다는 피타고라스의 이론을 다시 주목하기 시작했다. 이것은 르네상스 시대의 상상력을 사로잡았다. 만일 화음을 이루는 음정의 비율이 물리적 비율과 같은 것일 수 있다면, 비례를 정하는 일정한 법칙이 있을 뿐만 아니라 음악과 건축이 수학적으로 관련이 있을 수 있으므로, 자연은 놀라운 통일성을 보여줄 것이라는 것이었다. 그렇다면 여기서 건물도 나름대로 자연과 신의 기본법칙을 반영할 수 있다는 결론이 나온다. 따라서 완벽하게 균형 잡힌 건물은 신성을 드러내는 것이 되고, 인간 속에 내재한 신성을 반영하는 것이 된다.

실제로 이러한 이론을 종합한 건축가는 알베르티였다. 그는 르네상스 시대에 가장 중요한 책이 된 [건축론(De re aedificatoria, 1485)]은 1440년에 쓰기 시작해 45년 후에 출판하였다. 그것은 활자로 된 최초의 건축서였다. 그는 수의 조화에서 아름다움을 설명하였으며, 3차원의 용적을 지닌 물체를 2차원의 평면에 투영하는 효과적 수단으로 기하학을 적용했다. 그것은 원근법의 발명으로 공간에 대한 새로운 시각이 선행되었음을 입증한다. 공간을 단순히 물체가 위치하는 장소로 이해했던 이전의 시각을 탈피하여 연속적 총체로 파악하는 전환적 사고였다.[90]

알베르티는 유클리드 기하학으로 정사각형과 정육면체, 원, 구형과 같은 기본적 형태를 사용하였다. 아름다운 건물은 어느 것 하나 더하거나 뺄 수 없을 정도로 모든 부분이 일정한 비례에 따라 합리적으로 통합된 상태에 있는 것임을 강조하였다. 그는 또 인간의 힘과 재능에 특별한 관심을 보였다. 물론 인간은 중세 교회에서 말한 대로 신의 형상을 본떠 창조되었지만, 이제는 인간 자신에게도 새롭게 존엄성이 부여되었다. 인문주의자들은 '인간은 만물의 척도'라는 고대 그리스의 철학자 프로타고라스(Protagoras, 490-420 BC)의 명언을 부활시켰다. 알베르티는 이상적 형태를 결합하여 완벽한 교회를 건축할 수 있는 조건을 정하면서 그것은 신의 형상을 구체화하는 것이라 믿었다. 이것은 바로 비트루비우스(Marcus Vitruvius Pollio, B.C. 46-30 활동)에 뿌리를 두고 널리 인식되어,[91]그후 레오나

---

90) 알베르티의 '회화론(Della pittura, 1436 ; 노성두 역, 알베르티의 회화론, 사계절, 1998)' 참조. 브루넬레스키(Filippo Brunelleschi)가 1400년경 원근법에 관한 최초의 논문을 썼다고 하지만 전해지지 않는다. 두 번째 이론적 시도는 알베르티였다.

91) 비트루비우스는 신전을 인체비례와 연관시켜 서술하고 있다. 그가 언급하고 있는 것은 인체의 조화와 완전성을 증명하기 위한 것으로 훌륭한 체격을 가진 사람이 두 손발을 벌렸을 때 가장 완벽한 기하학적 도형인 원형과 사각형 속에 꼭 들어간다는 것이다(III-1). 그는 이 간단한 그림이 인간과 우주에 대한 심오하고도 근본적인 진리를 보여준다고 믿었다. 이러한 사실은 르네상스 건축가들에게 절대적 영향을 주었다.

르도 다 빈치(Leonardo da Vinci, 1452-1519)는 인체의 비례를 정사각형과 원이라는 이상적 형태와 연결시켜 그린 소묘에서 이런 생각을 발전시켰다. 그것은 이미 언급하였듯이 프란체스코 디 조르조 마르티니(Francesco di Giorgio Martini, 1439-1501/2)는 인체의 비례를 바로 건축과 연관시켜 인체 위에 그리스 십자형 평면에 네이브가 뻗어간 중앙집중식 교회 형태를 그렸다. (그림 13)

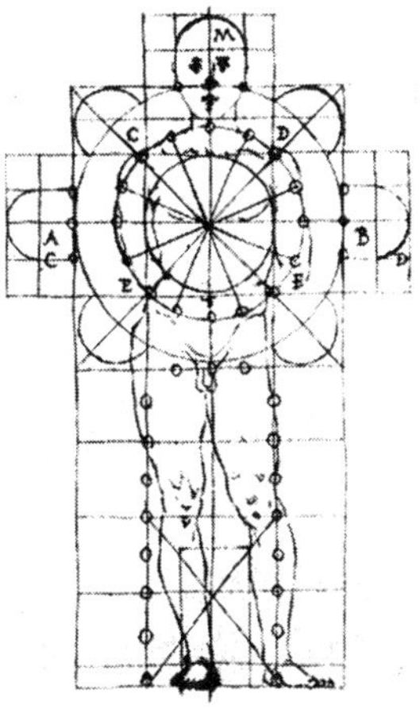

그림 13. 프란체스코 디 조르조의 인체도(중앙집중식 십자형 교회의 평면 위에 인체를 겹쳐놓았다)

16세기에 들어서면서 유능한 건축가들이 앞 다투어 건축서를 저술하였다. 그들은 직접 알베르티에게서 자극을 받았지만 당시 활발했던 비트루비우스 연구에 힘입은 바도 컸다. 알베르티의 [건축서(De re aedificatoria, 1452 ; The Ten Books of Architecture, Dover, 1986)]가 15세기 르네상스를 대표하는 저서였다면, 팔라디오의 [건축4서(Quattro libri dell' architettura, 1570 ; The Four Books of Architecture, Dover, 1975)]는 매너리즘 시대의 대표작이다. 사실 알베르티의 [건축서]는 건축가를 위한 것보다는 건물계획을 위한 기준을 확정해야 할 건축주, 즉 인본주의자를 자처하는 후원자들을 위한 것이었다. 더욱이 그 책은 당시의 언어가 아니라 고전어인 라틴어로 써졌기 때문에 실무자들은 그 내용을 어림짐작으로 적용했다. 그것을 널리 사용할 수 있게 했던 이가 팔라디오였다. 그는 선배들의 발자취를 따라서 수학적 비례의 정신적 가치에 대한 고대의 방법을 따르는 고대 건축의 진정한 계승자였다. 그는 비트루비우스와 고대 로마의 유적을 상세히 연구하고 그 위에 알베르티, 산소비노(Jacopo Sansovino, 1486-1570), 바사리(Giorgio Vasari, 1511-1574) 등의 의견을 참고로 자신의 이론을 정리하였다. 이 책은 유럽에 널리 유포되어 17, 18세기의 프랑스, 특히 영국 건축의 기초가 되었다.

팔라디오의 4서(四書)를 언뜻 보면 실망할 수도 있다. 그 이유는 팔라디오의 사상은 심지어 어법도 알베르티를 닮았을 뿐만 아니라 비례의 원리에 대해서는 거의 쓰여 있지 않기 때문이다. 즉 왜 특정 비율이 선정되었는가에 대해서는 아무런 설명도 없이 그냥 비율에 관한 기술만 하고 있다. 그럼에도 그는 알베르티가 막연히 암시한 것을 보다 정확히 표현하였다. 팔라디오는 방의 폭과 길이에 대한 높이의 비례, 즉 방의 형태를 구성하는 3차원의 관계에 대한 일반적 법칙을 부여했다. 그는 우선 자신이 가장 아름답다고 생

각하는 방의 가로와 세로의 비를 부여하고, 2차원에서부터 시작하여 3차원으로 전환하였다.[92]

물론 르네상스 건축이론, 특히 공간개념에 많은 영향을 준 것은 플라톤의 우주관이었다. 공간의 구축법적 개념, 즉 우주를 세분하는 플라톤의 개념(티마이오스)은 건축구조를 보다 작은 단위로 세분하는 알베르티의 이론에 반영되었다. 그러나 아리스토텔레스의 장소 이론이 플라톤의 [티마이오스]처럼 르네상스 건축이론에 어떤 영향을 주었는가를 입증하기란 어렵다.[93] 하지만 16세기 중반부터 오랫동안 영속되어 온 장소로서의 공간과 우주의 유한성에 대한 생각은 수그러들기 시작했다. 그 까닭은 당시의 과학적 업적의 영향이었다.

어떻게 보면 이탈리아 인문주의 시대의 건축가들은 건축공간의 학문적 접근을 비례론에 국한시켰고 그것도 기둥형식(order)의 정립에 머물러서, 결과적으로 그 이론은 단순한 기법놀음에서 벗어나지 못했다는 비난을 받을 수 있다. 그럼에도 투시도법의 발명과 음악적 비례의 채택은 좋은 공간을 만들기 위한 당연한 조치였음이 분명하다. 이 비례론은 이탈리아를 넘어 프랑스와 영국, 그리고 스페인의 예술가와 학자들까지도 사로잡을 수 있었다.

---

92) 팔라디오가 교회는 "모든 부분이 일체가 되어 보는 이의 눈에 아름다운 조화를 전달할 수 있는 양식과 비례로 지어져야 한다(IV, 서문)"고 한 것은 막연하고 불명확한 형태를 시각에 호소하는 것이 아니라 어떤 경우에도 타당한 비율의 상호관계로 이루어진 공간적 화음을 의미한 것이었다. 그는 음의 비례와 건축공간의 비례가 긴밀한 관계이며 조화로운 체계가 보편적으로 타당함을 확신하였다.

93) Cornelis van de Ven, 앞의 책, p.30. 그러나 우리는 알베르티가 도시 건설의 이상적인 조건으로 어떤 장소나 위치, 그리고 경계선에 의해서 세워지느냐를 물어보는 글에서 그 영향을 볼 수 있다.

5. 계몽주의 시대의 사상과 건축공간

5.1 계몽주의 시대의 사상

17세기와 18세기를 계몽주의 시대라 한다.94) 이 시기는 위대한 과학혁신의 시대였다. 사람들은 우주의 본질에 관하여 물질적 실재가 질량과 운동이라는 기계적 원인들로 완전하게 설명할 수 있다고 생각하였다. 혁신은 전 세기 중반에 이미 예고되었다. 1543년은 과학혁명의 시작을 알리는 해였다. 이 해에 폴란드의 천문학자 코페르니쿠스(Nicolaus Copernicus, 1473-1543)의 '천체 운행론'과 플랑드르의 의사 베살리우스(Andreas Vesalius, 1514-1564)의 '인체론 구조론'이 나왔다. 그 후 천문학과 의학의 발견을 기반으로 영국의 내과의사 하비(William Harvey, 1578-1657)는 혈액 순환론을 체계화하였다. 그는 인체가 고대에서처럼 여전히 우주에 대한 구조적 비유로서 인식하였다.95) 이런 일련의 사건들에는 이전의 공간에 대한 생각도 흔들리면서 공간이 무한하다는 사상은 더욱 확고하게 되었다. 그러나 공간에 대한 신학적 관념은 새로운 자연과학, 특히 역학의 성과에 기초한 과학적 공간과는 첨예하게 대립되었다.

지구 공간과 천체 공간을 중세의 방법으로 구분하는 것에 학문적으로 반기를 든 최초의 인물은 앞에서 언급된 크레스카스와 쿠사누스였다. 그 후 브루노(Giordano Bruno, 1548-1600)와 갈릴레이(Galieo Galilei, 1564-1642)도 아리스토텔레스와 교회의 이론에 맞서서 우주가 무한하다는 생각을 옹호하였다. 이제 지구는 더 이상 세계의 정적 중심이 될 수 없었다. 물론 이런 새로운 견해는 지도적 정치가나 기독교회에서는 쉽게 받아들여지지 않았다. 비판적 철학자들은 이들 보수 지배세력과 충돌이 있었다. 데카르트(René Descartes, 라틴 이름 Renatus Cartesius, 1596-1650), 로크(John Locke, 1632-1704), 스피노자(Baruch de Spinoza, 1632-1677)와 같은 이들은 외국에서 도피생활을 하면서도 세계의 모든 전통적 인식에 대해 의문을 품기 시작

---

94) 이 시기는 혼돈의 시기였다. 신구교의 정치적 갈등이 프랑스 궁정 내부와 국제 문제와 겹치며 발발한 위그노 전쟁(1562-1598)으로 많은 사람이 희생당하였다. 그러나 정신적으로 중세의 세계관이 무너지고 새로운 세계관이 준비되는 과도기였다.

95) Elians Strosberg, Art and Science, UNESCO. 1999 ; 김승윤 옮김, 예술과 과학, 을류문화사, 2001, pp.87-90.

했다. 이러한 변화는 르네상스 예술가들이 사물을 보는 방법에 크게 작용하였다.

우리는 르네상스 회화를 '사실주의'의 축도라 한다. 공간적 통일성의 환상이 잘 나타나 있기 때문이다. 그러나 원근화법에 따라 사물을 그대로 그린다는 사실보다 더 중요한 것은 관찰자를 그림의 구도 속으로 끌어들였다는 사실이다. 원근화법에서 설정된 '시점'은 화가와 관찰자가 어디에 있는지를 알려주었다. 어느 시점에서 그림을 그리느냐에 따라 화가는 관찰자의 위치를 '조정할' 수 있었다. 결국 원근법 회화는 서구인이 물질공간을 의식적으로 자각하도록 훈련시킨 셈이다.

심리학자 쿠보비(Michael Kubovy, 1940-)는 우리가 투시도의 중심점이 아닌 '다른' 위치에서 원근법적 형상을 바라볼 경우, 우리의 정신은 자동으로 조정되어 마치 중심점에서 보고 있는 것처럼 그 형상을 보게 된다고 한다.[96] 그것은 실제의 눈으로 보는 공간이 아니라, 별개의 공간 속에서 마음대로 활동할 수 있는 '가상의 눈'으로 보는듯하다는 것이다. 이 '가상의 눈'으로 르네상스 화가들은 관찰자를 육체에서 분리된 듯한 신비감을 얻게 되었다. 이렇게 '시점'을 육체에서 분리시키는 과정은 현대과학의 공간개념 발전에 크게 기여하였다.

독자적으로 자유롭게 활동할 수 있는 '가상의 눈'으로 본 후기 원근화법에는 특별한 의미가 있었다. 그 화법은 '확장된 물질공간 그 자체'를 다양하게 경험할 수 있게 하였다. 결과는 인간 정신을 물질세계의 공간 속에서 자유롭게 하여, 사람들이 공간을 스스로 느낄 수 있게 해주었다. 화가들은 아리스토텔레스의 구속에서 쉽게 벗어날 수 있었다. 이 '가상의 눈'은 17세기에 갈릴레오와 데카르트가 새로운 과학적 세계관을 공식화하는 과정에서 중요한 도구로 쓰였다. 물론 근대적 물질 공간의 '발견'을 전적으로 원근법 화가들의 공로로 돌림은 지나칠 수 있다. 그러나 14세기에서 16세기 화가들의 '공간을 보는 시각'의 변화가 없었다면, 17세기의 물리학자들의 공간에 관한 혁명적 사고는 불가능했을 것이라고 에저튼(Samuel Edgerton, 1926-2021)은 말한다.[97]

---

96) Michael Kubovy, The Psychology of Perspective and Renaissance Art, Cambridge University Press, 1993, pp.52-64.

97) 에저튼(Samuel Edgerton)은 'The Heritage of Giotto's Geometry, 1991'에서 원근화법의 발전과정과 그것이 현대과학의 발전에 끼친 지대한 영향을 자세히 다루고 있다. : Margaret Wertheim, 앞의 책, pp.152-153.

과학 분야에서 공간에 관한 새로운 견해를 제시한 최초의 인물은 이탈리아의 과학자 갈릴레오 갈릴레이였다. 현대물리학의 토대가 된 그의 공간개념은 르네상스 화가들처럼 '연속적이며 균등한 3차원 공간' 이었다.[98] 사실 갈릴레오는 르네상스의 화가들처럼 육체에서 분리된 '가상의 눈' 으로 주변 공간을 자유롭게 상상했었다. 이런 '정신의 눈' 은 18세기 내내 실재를 판별하는 역할을 했다. 그때부터 물리학자들은 수학적으로 환원할 수 있는 세계의 본질적 현상을 가상의 눈으로 찾는 일을 시작하였다. 물론 원근화법의 규칙은 단순하지 않아서 화가들은 다른 시점들을 실험했다. 중요한 것은 그림에 표현된 현상의 '가상공간' 보다는 관찰자의 물질 공간과 그 현상의 '관계' 이다. 그것은 17세기 과학자들에게는 중요한 기초가 되었다. 이와 같은 점에서 갈릴레오와 데카르트는 회화에서 모범을 보인 셈이다. 이런 상황에서 갈릴레이는 불변성(상대성 원리)의 개념을 제기하였다. 이 개념으로 임의의 관계성 속에서 일어나는 역학적 과정의 경과에서 공간과 시간의 균질성이 확립되었다. 그가 발견한 자유낙하의 법칙도 이렇게 시간이 지속적이고 균일하게 흘러간다는 생각에서 세워졌다.

갈릴레오에게 공간은 실재의 존재론적 기반이자 모든 사물이 존재하고 움직이는 중립적 활동 영역이었다. 그는 예리한 환원주의적 사고를 바탕으로 주변 세계에서 새로운 물리학의 본질이 될 만한 것들을 추출하였다. 갈릴레오는 효율적 과학을 정립하기 위해서는 공간과 시간에 관한 수학적 해석이 필요하다고 주장했다. 그의 새로운 세계관에서 '물질 공간' 은 마침내 '유클리드 공간' , 즉 변화가 없는 거대한 3차원적 공간과 동의어가 되었다. 2천 년이 지나서야 아리스토텔레스를 넘어설 수 있었다. 결국 갈릴레오가 파악한 우주는 고대 원자론자들이 믿었던 것처럼 오직 물질과 공간만으로 이루어진 것이었다. 그에게 '실세계' 는 공간과 시간에서 움직이는 물체의 세계였다.[99]

이렇게 새로운 과학이 제시하는 세계상에서는 물질 공간은 '실재의 전부' 였다. 17세기에 처음 형성된 이런 시각은 세계를 심오한 정신의 위계 체계가 아니라 하나의 거대한 기계로 바라본 기계론 철학에서 나왔다. 결국 중세의 우주론은 17세기 말에는 거의 소멸

98) 오늘날의 물리학자들은 상대성이론 이전의 다양한 논의에 관해 말할 때 아직도 갈릴레오의 공간을 언급한다. 아인슈타인도 이 이탈리아 출신의 과학자에게 커다란 빚을 졌다고 시인하였다.

99) E.A. Burtt, The Metaphysical Foundations of Modern Science, Atlantic Highlands, N.J. : Humanitis Press. 1980. p. 33 : 박사학위 논문이 출판된 책으로 일반적으로 인식되지 않은 과학사에 중요한 역할을 미침.

되었다. 그 대신 오늘날 우리들의 삶을 지배하는 새로운 우주관을 맞게 이르렀다. 이제 창작과정에서 예술가들의 '육체의 눈'은 이전의 기독교 영혼의 '내적 눈'을 대체하였다. 이러한 변화로 고딕 시대의 영적 신비주의는 완전히 소멸되었다. 그 후 5백 년 동안 서구 예술의 기본은 '육체의 공간'이 차지하게 되었다. 이런 기계론적 세계관은 17세기에 주로 갈릴레이와 데카르트 그리고 뉴턴(Isaac Newton, 1642-1727)에 의해 형성되었다.

기계론 창시자들의 대표적 인물은 최고의 합리주의 철학자 프랑스의 르네 데카르트다. 그는 다른 기계론 창시자들과는 달리 기독교적 영혼을 진실하게 믿었던 종교적 인물이었다. 그는 자신의 기계론적 과학과 영혼에 대한 믿음을 융합하기 위해 당시로써는 급진적인 철학적 시도를 감행했다. 데카르트는 우선 세상을 정신과 물질, 두 가지로 확연히 구분하였다. 실재를 두 개의 범주로 구별한 것이었다. 하나는 운동하는 물체의 물리적 '연장(延長, 넓이)'인 물체의 세계이고, 다른 하나는 사고와 감정과 영적 경험의 비물질적 영역인 '사유(思惟)'의 정신세계로 뚜렷이 나뉜다고 주장하였다. 이렇게 데카르트는 연장의 철학, 즉 공간과 그 공간을 점유하는 것이 물질이 지니는 유일한 속성이라고 보는 철학을 확립하였다. 그는 또 세상에는 영혼과 연장만이 존재하며, 영혼은 연장의 존재를 가능케 해주는 것이라고 하였다. 이러한 그의 생각은 "나는 생각한다, 고로 나는 존재한다(cogito, ergo sum)"에 잘 나타난다. 특히 데카르트에게 의식(意識)은 실재하는 최초의 실체(res cogitans)였다. 그는 의식과 사물의 물질세계를 구별했다. 이 두 영역은 속성상 서로 완전히 다른 별개의 세계로 이해되었다. 특히 자연은 절대적으로 자연의 섭리 즉 기계적 법칙에 따라 움직인다. 때문에, 물질적 환경에 속하는 것은 무엇이든지 그것을 구성하는 작은 부품의 움직임과 그것들의 인과적 연결을 갖는다. 따라서 이 두 가지만 정확히 관찰하여 기술한다면 세상은 완벽하게 이해된다고 보았다. 이렇게 데카르트가 표방하는 신과학의 목적은 '오로지 물질 공간에서의 물체의 행위만을 기술하는 것'이었다. 이는 물체의 세계에만 적용되었다.

분명히 데카르트는 정신과 영혼의 영역으로 단정된 '사유의 세계'를 자신의 신과학에는 포함시키지 않았다. 하지만 그는 그것을 실재의 근본적 부분으로 간주하였다. "나는 생각한다. 고로 나는 존재 한다"라는 그의 유명한 명제처럼, 데카르트에게 실재의 근간은 물질세계가 아니라 사고의 비물체적 현상에 있었다. 이와 같이 그의 기계론은 순전히 이원론적 자연 철학의 형태로 시작되었다. 그러나 결과는 달랐다. 물론 중세에도 육체와 정신 모두 진지하게 받아들여졌다. 그러나 중세의 이원론과 데카르트의 이원론 간에는 결정적 차이가 있었다. 중세에는 우주가 유한하다고 믿었던 반면, 새로운 기계관은 우주가 무한할 수 있음을 알려주었다. 18세기에 이런 견해는 과학적 정설이 되었다. 물질 공간이 무한히 확장된다고 생각하면서, 그 너머에 조금이라도 실재의 공간이 남아 있다고는 상상조차 할 수 없었다. 이러한 세계상에서 정신 공간을 위해 남겨진 곳을 찾을 수는 없었다. 게다가 데카르트가 물질세계에서 추론해 낸 이러한 발상은 살아 있는 유기체에도 적용되었다. 동물이나 식물도 일종의 기계로 간주한다면 보다 효과적으로 '분석' 할 수 있다고 생각하였다. 때문에 인간도 이성적 영혼을 가지고 있지만 인간의 신체도 기계처럼 취급할 수 있다고 생각하였다. 결국 데카르트의 개인 신념과는 상관없이, 기계론은 실재의 범주로서 정신의 급격한 소멸을 가져왔다.

18세기 계몽주의 시대의 분위기는 유물론이 본격적으로 번성하기에 안성맞춤이었다. 18세기가 끝날 무렵 많은 사람은 물질 영역이 실재의 전체라는 데 의견을 같이했다. 중세였더라면 오직 물질만이 존재하는 세계라는 것은 도저히 상상할 수도 없었을 것이다. 하지만 그러한 세계관은 널리 퍼졌다. 새롭게 부상한 과학적 세계상에서 인간은 더 이상 우주의 정신 질서 한가운데에 있는 중심축이 아니었다. 그저 미미한 기계일 뿐이었다. 이렇게 영혼과 천국의 정신 공간이 존재했던 과거의 세계상은 사라지고, 지구를 거대한 유클리드 공간에서 회전하는 바위덩어리 정도로 여기는 완전히 기계론적 우주에 자리를 넘겨주었다. 게다가 중세인들이 인간을 본질적으로 정신적이면서 동시에 물질적 존재로 보았던 것과는 달리, 새로운 기계론자들은 자신들을 오직 물질적 의미에서만 바라보았다. 결국 공간에 관한 일원론적 시각은 자아에 관한 일원론적 시각으로 변형되었다.

이렇게 데카르트는 무한 공간이 궁극적으로 받아들여지도록 기여한 핵심 인물이다. 그는 자신의 물리학에서 '보다 질적 성질을 갖는' 공간개념을 발전시켰다. 그는 공간과 물질을 동일시하여 연장(extension)을 공간의 근본 속성으로 확신하였다. 그는 공간이 최소의 물질적 입자로 이루어졌다고 보고, 그것을 미립자(Korpuskel)라고 불렀다. 이러한 생각은 물리학에서 빛이나 전자장의 매질(媒質)로 본 에테르(Äther)의 개념과 거의 일치하였다.

그 후 영국의 경험론자 로크(John Lock, 1632-1704)는 데카르트와 대립되는 경험주의 인식론의 기초를 세웠다. 그는 데카르트가 물질세계에만 적용시켰던 연장의 개념을 정신

세계에까지 확대시켰다. 로크에 의하면 공간은 물질세계와 정신세계 사이에서 공통적 기초가 되었다.[100] 그는 데카르트의 의식에 대한 직관적 통찰에 반대하였다. 로크는 사람이 태어날 때는 백지상태(tabula rasa)이지만 세상을 살면서 지각적 경험을 통해 지성의 내용을 받아들인다고 생각했기 때문이다. 이렇게 직관적 통찰과 지각적 경험과의 충돌은 공간개념의 발전에 많은 영향을 주었다. 그는 물론 흄(David Hume, 1711-76)과 버클리(George Berkeley, 1685-1753)와 같은 영국의 경험주의자들은 선험적(a priori) 지식의 존재를 부정하면서, 공간개념은 감각적 지각작용으로서만 존재할 수 있다고 주장했다. 이러한 점에서 그들은 퐁티(Merleau Ponty, 1908-1961)와 하이데거와 같은 현대 현상학자들의 전조였다고 볼 수 있다.

17세기 말까지 지속된 이런 대립은 뉴턴에 의해 어느 정도 종합되었다. 앙리 르페브르(Henri Lefebvre, 1901-1991)의 지적처럼, 17세기 수학자들이 공간을 점유하면서 지상 공간과 천상 공간에 대한 서구인이 갖고 있던 생각은 크게 변하게 되었다. 그 결과 뉴턴의 우주론이 마침내 탄생하게 되었다.[101] 그의 역학(1687)은 철저하게 인과적이며, 쓸데없는 가설을 배제하는, 자연에 대한 포괄적이고 정량적 설명이다. 뉴턴은 절대적 공간과 상대적 공간을 구별하였다. 그는 절대적 공간이란 우리들의 감각에 의해서 지각될 수 없는 것으로 상대적 공간에 의해 측정될 수 있는 것이라 하였다. 그에게 절대적 공간은 균질하고 무한하며, 상대적 공간은 절대적 공간을 측정하는 좌표계였다. 이러한 뉴턴의 작업을 통해 고전역학의 시간관념과 공간 관념은 일반화되어 최종 형태를 취하게 되었다. 그에 따르면 공간과 시간은 객관적으로 실재하는 것이며 절대 구조를 지닌다. 공간과 시간은 운동하는 물질과 완전히 독립되어 따로 존재한다. 이러한 견해에 따르면 신의 감각 영역인 공간은 그 속에서 물체계(物體系)의 운동이 진행되는 무한하고 균질하여 텅 빈 그릇이 된다. 뉴턴의 3차원 공간은 어떤 물리의 속성도 갖고 있지 않고, 단지 기하학적 속성 그것도 유클리드 기하학적 속성만 갖는다. 또 균일성과 비가역성(非可逆性)이 시간의 본질적 특징이 되는 것이다. 코페르니쿠스와 갈릴레이 시대에서 공간의 무한성은 이단으로 배척되었으나, 뉴턴 이후 그것은 신의 존재 증명 또 질적 공간 그 자체와 동일하게 환영받았다. 즉 공간의 편재(遍在)는 이제 신의 편재로 해석되었다.[102] 이러한 이유들로 뉴턴의

---

100) Max Jammer, 앞의 책, p.104.
101) Henri Lefebvre, 앞의 책, p.41.
102) Max Jammer, 앞의 책, p.113.

절대공간에 대한 이론은 거의 두 세기 동안 지속될 수 있었다.

뉴턴의 수리과학은 물론 데카르트의 이원론적 형이상학은 궁극적으로 강력한 유물론적 일원론의 디딤돌 구실을 하였다. 특히 그는 운동 중인 물체의 물리적으로 연장된 영역(res extensa)과 사고, 감정, 그리고 영적 경험의 보이지 않는 영역인 사유(res cogitans)와는 근본적으로 구별하였었다. 그러나 데카르트는, 이미 언급된 대로 자신의 신념과는 상관없이, 일원론 쪽으로 기우는 데 지대한 역할을 하였다. 새로운 과학은 '연장'만을 중시하였기에, 그 연장의 영역만이 과학적으로 권위를 인정받았다. 그리고 그러한 권위가 점차 커지면서 과학의 범위에 속하지 않는 것들은 모두 공격 대상이 되었다.

뉴턴과 그의 후예들이 확립한 순전히 물리학적 우주론에서 기독교의 천국과 지옥은 당연히 존재할 수 없었다. 중세인들에게 천국과 지옥은 영적으로 체계가 잡혀 있는 공간의 구도로 짜여 있었다. 그러나 유클리트적 공간에서 우주의 한쪽 끝은 다른 쪽 끝과 동일함으로, 천국과 지옥은 공허한 상징이 되어버렸다. 물리적 실재와 전혀 연결되어 있지 않다면, 천국과 지옥의 두 영역은 소멸할 수밖에 없었다. 결국 17세기 후반부부터 새로운 물리학적 우주관은 유물론적 실재관과 부합되지 않는 모든 것들을 떨쳐버려서, 지난 3세기 동안 실재는 점차 물질로서 물리적 세계로만 이해되었다.

되돌아보면 아리스토텔레스의 실재관에서 공간은 부차적이며 대수롭지 않은 범주에 불과했다. 이러한 인식은 물질 공간의 너머에는 이용할 수 있는 공간이 있다고 상상할 수 있게 하였다. 당연히 항성층 너머의 거대한 '천국의 공간'이 받아들여질 수 있었다.[103] 그러나 갈릴레오의 실재관에서 공간은 '덧없는 존재'에서 실재의 활동영역으로 격상되었다. 더구나 물질 공간에 대한 관심이 고조되면서, 본래 영적 공간구도 위에 세워졌던 중세의 세계관은 커다란 타격을 입었다. 신의 거처와 영혼이 머물 곳을 알 수 없게 되었기 때문이다.

기억해야 할 것은 이러한 현상이 서구적 문제라는 점이다. 영혼 공간을 '잃어버린' 이유는 그것을 천체 공간과 연결시켰기 때문이다. 서구인은 영혼 공간의 위치를 저 너머

103) 사도 바울은 고린도후서 12장 4절에서 '셋째 하늘'을 말하고 단테는 신곡에서 '공간과 시간, 물질 너머'의 최고 하늘을 10번째로 은유한다.

항성들 위에 두었다. 그러나 천체 공간이 무한해지자, 영혼 공간은 소멸되어 버렸다. 물론 다른 문화권의 사람들은 영혼 공간을 천체와 결합시키지 않는다. 당연히 천체 공간이 무한해지더라도 그것은 서구에서처럼 심각한 위기를 반드시 초래하지 않는다. 그들이 무한한 천체 공간과 더불어 영적인 세계를 계속해서 유지할 수 있었던 것도 바로 그러한 이유에서다.

그러나 자연에 대한 과학적 연구에서 인간에 대한 연구로 관심의 방향을 바꾼 파스칼(Blaise Pascal, 1623-1662)은 이 무한한 공간이 지니는 침묵이 나를 두렵게 한다고 고백하였다. 라이프니츠(Gottfried Wilhelm von Leibnitz, 1646-1716)도 공간과 시간이 절대적 성격을 지닌다고 보는 것이 기계적 유물론에 입각한 뉴턴적 발상의 주요 결점임을 인식하고 있었다. 뉴턴과 달리 라이프니츠는 공간과 시간이 공존하거나 서로 연속하는 물체 간의 상호관계라는 변증법적 견해를 내세운다. 따라서 공간과 시간은 물질과 결합되어 있으며, 물질을 떠나서는 결코 어떠한 절대적 실재도 갖지 못한다.[104] 이렇게 라이프니츠는 물론 호이겐스(Christian Huygens, 1629-1695)와 같은 과학자들도 절대적 공간개념을 단호히 거부하고, 상대적 공간의 양상만을 지지했다. 이들의 통찰력은 19세기 말에 이르러 마흐(Ernst Mach, 1838-1916)와 아인슈타인에 의해 현대의 상대성 이론으로 이어진다.

이런 17세기의 물리학자들이 일으킨 공간에 관한 혁명적 변화는 14세기에서 16세기 사이의 예술가들이 일으킨 공간을 보는 시각의 혁명적 변화의 덕분이다.[105] 그러나 17세기의 과학이나 철학적 사상은 예술가가 나누어 갖기에는 너무 복잡하며, 추상적이고, 체계적이었다. 중력, 미적분, 그리고 "나는 생각한다. 그러므로 나는 존재한다"와 같은 말은 예술가의 상상력을 촉발시킬 수 없었다. 이러한 것들 모두가 바로크 예술이 단순히 종교적, 정치적 혹은 지적인 발전의 결과만이 아님을 의미하게 된다.[106] 그 꽃은 프랑스에서 피었다.

---

104) 라이프니츠가 말하는 물질은 관념적 존재에 불과한 단자(單子, Monade)들을 결합시키는 세계의 연결고리이고 영혼의 타자존재(他者存在, Anderssein)일 뿐이다. 그러므로 그가 공간과 시간의 절대적 성격을 거부했던 것은 원칙적으로 타당했다. 하지만 그러한 거부는 공간과 시간의 객관적이고 실재적 존재를 관념적으로 부인하는 결과를 낳았다. 라이프니츠가 말하는 공간과 시간은 비록 그것이 사물의 객관적 질서에 상응하더라도 결국 주관적일 뿐이다.

105) Samuel Y. Edgerton. The Heritage of Giotto's Geometry. Ithaca ; N.Y. Cornell Univ. 1991. Egerton은 이 책에서 원근법의 발전과 그것이 현대과학의 발전에 미친 지대한 영향을 다루고 있다.

106) H.W. Janson, History of Art, 1962 ; 김연수 외 역, 미술의 역사, 삼성출판사, 1984, p.456.

5.2 공간의 건축적 해석

이탈리아 건축가들의 가르침을 받아 초기의 프랑스 건축가가 된 사람들은 모두 이론에도 정통하였다.[107] 17세기 후반, 루이 14세의 통치(1643-1715)의 프랑스에서는 더 이상 이탈리아를 추종하지 않았다.[108] 그들은 빛나는 건축의 시대를 열었으며, 18세기에는 많은 건축서가 프랑스에서 출판되었다.[109] 이렇게 르네상스 시대에 재생된 건축의 고전적 수법과 이론은 프랑스에 계승되어 고전주의라는 이름으로 아카데미아의 권위로 뒷받침받았다. 이러한 흐름은 변화는 있었지만 18세기에서도 여전히 유럽에서 확고한 기반을 쌓고 있었다.

당시 건축이론에서 하나의 중요한 움직임은 파리의 보자르(Ecole des Beaux Art)의 전통에서 비롯되었다. 이 전통은 17세기 프랑스 르네상스의 사고방식에서 발전되었다. 보자르의 건축은 20세기에 이르기까지 유럽과 미국은 물론 일제 식민치하의 한반도 대도시에서도 기념적이며 위엄 있는 구조물의 외관을 형성하는데 모범이 되어왔다. 그러나 16세기의 필리베르 델롬(Philibert de l' Orme, 1515-70)에서부터 19세기 말의 줄리앙 구아데(Julien Guadet, 1834-1908)에 이르기까지 모든 프랑스의 이론가들 역시 보자르의 예술개념으로서 공간개념에 대해서는 언급하지 않았다. 이전 시대에서는 공간과 같은 현대적 추상개념은 다른 명칭 속에 숨겨진 개념으로 동일하게 인식될 수도 있었기 때문이었다.

그들이 다룬 건축공간의 본질 문제 중 하나는 내부 공간에서 외부 공간으로 또 반대로 외부에서 내부로 향하는 변화 과정을 다루는 것이었다. 때문에 일찍부터 형태 문제들을

---

107) 그들은 앙드루에(Androuet de Cereau, 1510-85), 필리베르(Philibert de l'Orme, 1514-70), 장 뷜랑(Jean Bullante, 1515-80), 그리고 피에르 레스코(Pierre Lescot, 1510-70)이었다. 레스코를 제외한 모두는 건축서도 저술하여 르네상스 건축 이념을 프랑스에 인식시켰다. 특히 필리베르의 저서 '건축론 제1권(Le premier tome de l'architecture, 1567)'은 17세기 중엽 새로운 건축서가 나올 때까지 프랑스 건축가들의 지침서이었다.

108) 망사르(Franois Mansart, 1598-1666), 루이 르보(Louis le Vau, 1612-70), 페로(Claude Perrault, 1613-88), 블론델(Nicolas-François Blondel, 1618-86)은 그 시대의 주역이었다. 이들 중 페로의 '비트루비우스의 건축 10서(Les dix livres d'architecture de Vitruve, 1684)'와 '고대인의 방법에 의한 5종류의 원주 질서(Ordonnraence des cinq espèces de colonnes selon la méthode des anciens, 1683)', 그리고 블론델의 '건축강의(Cours d'Architecture, 1675-83)'는 건축사상에 큰 영향을 끼쳤다.

109) 그중에 영향력이 컸던 것은 보프랑(Germin Boffrand, 1667-1754)의 '건축서(Livre d'architecture, 1771-77)'이었다. 이 책에 기술되어 있는 이론의 바탕 역시 고전정신이었다.

물리적으로 시각화하는 여러 방법으로 공간 개념을 추론하였다. 물론 공간의 전이(轉移)는 프랑스 후기 건축가들의 이론에서도 근본 문제였다. 이러한 경향은 이미 16세기에 건축 입면과 건물 내부처리의 일치를 주장했던 필리베르 드 로름에서 시작되어 자크 프랑소아 블론델(Jacques-Françios Blondel, 1705-1774)로 이어진다.110) 그것은 19세기 초 가장 영향력이 컸던 뒤랑(Jean Nicholas Louis Durand, 1760-1834)을 거쳐 프랑스 아카데미아의 이론에 이어져, 100년 후 구아데에 의해 계승되었다.111) 이러한 프랑스의 평면 개념은 단순한 평면을 넘어 평면과 입면이 하나의 공간적 용적으로 표현된 쇼와지(François Auguste Choisy, 1841-1909)의 등각 투시도에서 볼 수 있다(그림 14). 이렇게 평면은 19세기 프랑스 디자인의 핵심이 되었음은 물론, 르 코르뷔지에(Le Corbusier, 1887-1965)에게도 크게 영향을 준 하나의 기준이다. 그에게 건물평면은 공간에 대한 사유였다.112) 이런 프랑스 아카데미즘의 전통은 르 코르뷔지에가 건축의 모든 현상을 매스, 표면, 평면과 규준선이라는 네 범주로 환원시킨 것에서도 분명하게 나타난다. 어떻게 생각하면 르 코르뷔지에가 [건축을 향하여(Vers une Architecture, 1923)]에서 보인 건축관이나 그의 스승 페레(Auguste Perret, 1874-1954)가 [건축이론에 대한 공헌(Contributions à une thorie de l' architecture, 1952)]에서 서술한 건축의 개념은 주로 공간을 점유하고 있는 물리적 형태에 관한 것으로서 고전 그리스 공간개념과 같은 것이었다.

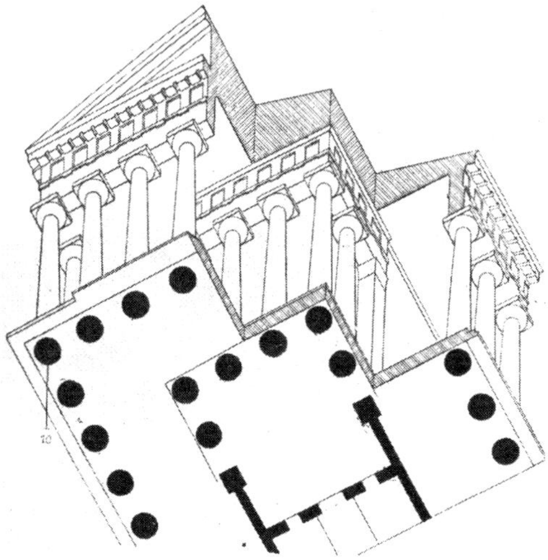

그림 14. 수아지의 세리농뜨 신전의 등각 투시도

---

110) Blondel은 '즐거운 집의 배치(Distribution des maison de plaisance, 1737)'에서 내부와 외부의 관계를 논할 때 외부 장식은 내부의 배치를 나타내야 한다고 주장한다. 배치의 일반 법칙은 건물의 길이를 관통하여 일련의 연속을 유지하는 데 있다. 그래서 살롱에서 정원으로의 공간성을 연장시키는 효과를 얻고 있다. 그는 '건축강의'에서 장식,구조, 배치가 삼위일체라고 하였는데, 이것은 장식과 구조와 공간적 볼륨과의 일체를 뜻한다.

111) Guadet는 '요소와 이론(Elément et Théories, Librairie de la construction Moderne, 1902)'에서 요소, 구성, 프로그램 등의 동일한 구분을 반복함으로써 미와 유용성이 조화되어야 할 구성의 정수로서 평면을 제시한다. 그의 이론에 따르면 공간의 존재와 동선(動線)의 분리는 구체적인 형태가 되었다.

112) Jacuees Guiton, Magaret Guiton, The Ideas of Le Corbusier, 1981 ; 이현식 옮김, 르 코르뷔지에의 사상, 태림문화사, 2002, p.69.

이에 반해 비올레 르 뒤크(Eugène Emanuel Viollet-le-Duc, 1814-79)은 특별한 입장이었다. 보자르의 건축가들이 주로 평면에 열중한 반하여 그는 구조에 흥미를 가졌다. 그는 주로 단면, 즉 높이와 폭에 자신이 연구한 비례와 재료를 적용시켰다. 그의 공간의 미학적 개념은 [건축강의(Entretiens sur l'architecture, 1863-72 : 정유경 옮김 아카넷 2015)]에서 언급하고 있다. 그것은 주로 내부 공간과 외부 공간의 관계를 언급하고 있지만, 건물의 절정은 내부의 공간 개념에 주목하고 있다. 이러한 비올레르뒤크의 인식은 19세기 프랑스 공간 미학 이론에서 빛나는 공헌의 하나였다.

그림 15. 르두(Claude-Nicolas Ledoux), 가난한 자의 피난처, 1804

한편 당시 물리학과 우주론에서 일어나고 있던 새로운 개념을 시각화하는 문제에 관심을 가졌던 사람들은 프랑스의 환상적 건축가 불레(Étienne-Louis Boullée, 1728-1799)와 르두(Claude-Nicolas Ledoux, 1736-1806), 그리고 르퀘(Jean-Jacques Lequeu, 1757-1826)였다.[113)]

르두는 시적인 사람이었다. 그는 우주공간 그 자체를 인간의 주거와 동일시하였다. 그는 저서 [건축(L'Architecture, 1804)] 2권 '가난한 자의 피난처(L'Abri du Pauvre)' 에서 광대한 우주가 인간을 보호해주는 돔으로 푸른 궁륭(azure vault)의 공간을 그렸다(그림 15). 그것은 인간이 점유하는 우주의 작은 부분이 단순히 나무 높이에 의해 한정되어 인간적 척도로 축소되어 있다. 여기서 르두는 우주를 확대시킨 빈 공간과 관계를 맺고 있다. 그것은 라파엘로(Raphael ; Raffaello Sanzio, 1483-1520)의 성스러운 성례식에 관한 논쟁(그림 16)처럼 하나의 동질 공간에서 천국과 속세의 결합을 시도했다. 그는 또 1권의 '가난한 자의 집(La

그림 16. 라파엘로 성체논쟁

113) Emil Kaufmann, Three Revolutionary Architects, 1952 ; 노형래 역, 3인의 혁명적 건축가, CA현대건축사, 2001. 카우프만은 프랑스의 혁명적 건축가로 블레, 르두, 르퀘를 들고 있다.

그림 17. 로지에의 은신처에 대한 인간적 요구. 시골오두막

Maison du Pauvre)' 에서 "인간은 작은 공간밖에 점유하지 못한다"라고 언급했다. 그 내용은 건축의 창조적 개념으로서 프랑스에서는 최초의 의식적 공간에 관한 언급이었다. 이와 같은 견해는 건축이론가인 로지에(Marc-Antonie Laugier, 1713-69) 신부가 [건축 에세이(Essai sur l'Architecture, 1753 ; Wolfgang & Anni Herrmann, An Essay on Architecture, 1977)]에서 밝힌 개념을 뛰어넘고 있다(그림 17). 르두가 건축에서 실제로 구현한 유토피아적 모델은 형태에서 믿을 수 없을 정도로 풍요로움이 표현되어 있다. 그러기에 르두를 모더니즘의 효시로 보게 된다.[114]

같은 시대에 활동한 불레는 르두보다 더 환상적이었다. 그는 르두와는 달리 건축이 예술이라는 측면에서 비트루비우스의 단순한 정의를 단호히 거절했다. 불레에게 건축은 정신의 소산을 의미하였다. 자연이 지닌 자원에 깊이 작용하는 인간 정신의 예술을 최고의 수준까지 높이는 것이었다. 그는 모든 이데아는 대상의 감각적 경험에서 일어난다고 주장했던 존 로크와 같은 영국 경험주의자들의 관점에서 논평하였다. 불레의 우상은 뉴턴이었다. 그는 뉴턴에게 송덕비를 바쳤을 정도였다. 그는 이 작품에서 뉴턴의 보다 추상적이며, 과학적 이미지를 시각예술로써 표현하여 자신의 의도를 알렸다(그림 18a, b). 그는 이와 같이 건축적 방법으로 유한과 무한, 측정 가능한 것과 불가능한 것, 상대적 공간과 절대적 공간의 고전적이며, 역설적인 일치에 성공하였다. 그는 형이상학적 공간개념을 의도하지는 않았다. 자신의 건축적 형태에 대해서 무게, 빛, 그리고 고상하고 세련된 성격을 전달하려 했다. 동시에 이들의 형태는 인간의 거주하는 공간을 측정하는 데 도움이 될 수 있었다. 그는 [건축 : 예술에 대한 논문(Architecture : Essai sur l' art, 1953)]에서 인간은 보통 자신이 있는 공간 속에서 측정된다고 말한다. 이것은 뉴턴, 호이겐스, 라이프니츠와 같은 위대한 물리학자에 의해 발견된 것으로, 상대적 · 절대적 초현실주의의 모호함이 있는 공간의 이중적 개념을 건축가가 예술적으로 표현하는 건축적 수단인 것이다. 이렇게 르퀘도 불레와 르두처럼 먼 목표의 예견자로 어느 누구도 모방하지 않았다.

---

114) Emil Kaufmann, Von Ledoux bis Le Corbusier, 1933 : 카우프만은 모더니즘의 효시를 블론델을 위시한 르두의 선배들, 즉 계몽주의 시대의 작가들로 본다.

그림 18a. 뉴튼 기념당

그림 18b. 뉴튼 기념당 내부 단면도

한편 영국의 존 러스킨(John Ruskin, 1819-1900)도 19세기 유럽 건축에 큰 영향을 준 이론가 중 한 사람이다. 그의 이론은 앞에서 언급된 프랑스의 보자르 이론과 함께 19세기 건축사상에서 지대한 영향을 미쳐서 건축 공간개념의 형성 과정에서 제외될 수 없다. 그는 당시 프랑스나 독일의 태도와는 달랐다. 그의 세계관은 독일의 칸트나 헤겔 그리고 모국의 뉴턴처럼 선험적은 아니었다. 그는 오히려 전통적 영국의 경험주의 학파를 따르고 있었으며, 주로 시각을 통해 실재를 인식했다. 그는 건축을 3차원의 공간이 아니라 회화처럼 경험했다. 그의 연구는 시각을 강조한 감각적인 것으로, 본능과 감정, 도덕적 지각을 융합시킨 미의식의 독특한 고찰을 보여준다. 그의 저서 [건축의 일곱 등불(The Seven Lamps of Architecture, 1849) : 현미정 옮김, 마로니에 북스, 2012.]에서는 공간개념을 말한다. 그러나 거기서 공간은 물질, 그림자, 색채라는 세 가지 범주에 잠재적으로 점유되는 표면의 2차원적 유동성이란 의미로만 사용된다. 그렇더라도 러스킨은 특히 시각경험의 복잡함을 즉, 빛과 그림자 그리고 장식의 스케일 같은 요소들이 연출하는 착시현상으로 공간을 인식했을 뿐만 아니라, 물질의 활동적 생명으로도 인식하였다.115)

이러한 러스킨의 사상을 직접 계승한 이는 예술공예운동(arts and crafts movement)의 지도자 모리스(William Morris, 1834-96)이다. 지테(Camillo Sitte, 1843-1903)와 같은 19세기의 건축가에게 영향을 주었던 것은 러스킨의 도덕적 관심이었다. 그러나 무엇보다 더 의미 있는 것은 그가 새로운 건축공간개념 형성에 큰 영향을 미친 감정이입의 상상력을 논증했다는

---

115) David J. Watkin, The Rise of Architectural History, 1980 ; 우동선 역, 건축사학사, 시공사, 1997, p.99 : 최근 그의 평가는 엇갈린다. K. O. Garrigan은 'Ruskin on Architecture-His Thought and Influence, 1973' 에서 기존의 근대적 입장을 취했고 Johon Unrau는 'Looking at Architecture with Ruskin, 1978' 에서 러스킨이 공간, 입체, 형태, 조각에 매우 민감했다고 한다.

사실이다.[116] 그것은 뵐플린(Heinrich Wllflin,1864-1945), 립스(Theodor Lipps, 1851-1914), 보링거(Wilhelm Worringer, 1881-1965) 등에 의해 나타난 독일 미학파의 핵심이기도 하였고, 미국의 루이스 설리반(Louis Henry Sullivan, 1856-1924)에 의해 주도된 영향력 있는 감정이입적 기능주의 사상의 핵심이기도 하다.

116) 그는 5장 '생명의 등(Lamps of Life)'에서는 모방과 변화, 수작업에 의한 생명의 표현을 언급했다. 그는 감정을 지닌 살아 있는 건축을 만들 수 있는 것은 오직 사람의 손에 의한 노동력이라고 주장한다.

Ⅱ
건축공간 개념의 확립

1. 공간해석의 사상적 배경

근대 공간개념의 특징은 주관적 해석에 있었다. 그 기반은 과학기술의 발달에서 제공되었다. 유럽은 16세기 말부터 새로운 사상을 창출하기 시작하여 17세기에는 계몽주의 시대를 여는 핵심이었다. 특히 18세기 중반부터 시작되는 약 100년간은 유럽 사상에서 철학이 가장 융성한 시기였다. 그러나 서구에서는 구약성서의 기록대로 만물의 기원은 하나님이라는 이야기는 뉴턴 시대에도 지속되었다. 뉴턴의 새로운 과학은 자체의 창조 이야기를 갖고 있지 않기에 기독교와 쉽게 어울렸다. 그의 우주는 만들어진 것이 아니라 단순히 있는 것이었다. 사람들은 그의 이론을 받아들여 기독교의 신적 존재가 세계를 창조했다고 믿었다. 성서와 뉴턴 모두를 아무런 갈등 없이 받아들일 수 있었다. 그러나 시간이 지나면서는 사정이 달랐다. 좀 더 철학적 성향을 지닌 과학자들은 우주가 어떻게 무에서 창조되었는가를 과학용어로 기술하기를 바랐다.

18세기 후반부터 많은 사람은 우주의 발생에 관한 과학적 이론들을 제안하기 시작했다. 그 가운데 가장 독창적이고 포괄적 이론은 독일의 위대한 철학자 임마누엘 칸트에 의해 제기되었다. 그는 행성, 항성, 심지어 모든 항성계가 자연스럽게 발생한다고 믿었다.[117] 우주에 관한 이러한 생각은 실질적 근거가 없었기에, 우주의 기원 문제는 당시 19세기에는 대부분의 천문학자에게 외면당했다. 그럼에도 당시대를 대표하는 칸트나 헤겔의 철학이 사회 전반에 미친 영향은 마치 고대 그리스 시대와 같았다.

칸트는 이성이 도달할 수 있는 정당한 인식의 한계를 분명히 하고자 했다. 그는 [판단력비판Kritik der Urteilskraft, 1790 : 이석윤 역 박문사, 1974]에서 심리학적 미학의 근본을 제기하면서 미학적 경험에 대한 순수 주관적 파악을 축소시킨 해답을 구했다. 미적 경험과 선호는 감각에 의해서만 자극되는 것이 아니며, 판단에 의해서 일어나는 것도 아니고, 그 양자의

---

117) 칸트는 1775년 '일반자연사와 천계(天界)의 이론(Allgemeine Naturgeschichte und Theorie des Himmels)'에서 전체 태양계는 우주의 먼지구름이 응축되면서 생긴 것일 수 있다는 주장을 펼쳤다. 이러한 사상은 18세기 말 최고의 천문학자인 라플라스(Pierre-Simon Laplace, 1749-1827)에 의해 계승되었다. 그러나 항성의 형성 과정에 관한 지식이 전혀 없었던 칸트와 라플라스의 사상은 구체적인 과학적 방법보다는 주로 신념에 입각해 있어 공상적 비약이나 추론의 성격이 강했다..

결합된 작용에 의해서 생겨나는 것이라고 그는 주장했다. 칸트로 대표되는 비판철학은 계몽주의를 기초로 영국의 경험주의와 프랑스의 이성주의를 도입하여 이것들을 면밀하게 통합시켰다. 이렇게 계몽주의로부터 시작된 이 시대의 사상은 비판철학과 관념론으로 이어졌다.

칸트는 전체성을 관념적으로 형성하는 두 가지 양상으로 구별하였다. 그것은 외관(外觀)의 세계와 본체(本體)의 세계이다. 칸트는 인간이 감각적 대상인 외관의 세계를 감성을 통하여 인식하는 것을 현상세계(Phaenomena)라고 하고, 감성을 통해서는 인식하지 못하고 이해(Verstand, 悟性)를 통해서 사유되는 대상을 가상세계(Noumena)라고 한다. 물자체(物自體, Ding an sich)는 자체적으로 존재하는 세계로서 후자에 속하고, 현상 세계는 인간에게 "감촉되어 관계한다(affizirt beziehen)"고 표현한다. 그런데 인간의 인식이 어떻게 가능한가. 그는 그것을 가능케 하는 것이 직관 형식(Anschauungsform)이라고 한다. 주어진 대상이 인간에게 '감촉되어 관계한다'고 할 때, 그것을 가능케 하는 것은 '선천적 직관'인 공간이 직관 형식으로 우리에게 미리 마련되어 있다고 칸트는 보았다.118) 그러나 시간과 공간을 이렇게 감성적 경험 이전의 '선천적(a priori) 직관'으로 본 것은 건축공간 개념을 방해하기도 하였다.

물론 칸트는 당시의 견해를 반대하면서도 동시에 모두 융합하는 건실한 견해를 가졌다. 먼저, 근대 초기에 뉴턴과 그의 제자 클라크(Samuel Clarke, 1675-1729)는 공간을 인간의 주관에서 독립된 것으로 보아서 "모든 사물이 그 속에서" 존재한다고 하였다. 데카르트는 육체적 실체의 본질로 보았고, 스피노자(Baruch Spinoza, 1632-1677)는 실체가 갖는 소유라 했다. 한편, 버클리(George Berkely, 1685-1753)는 공간은 순수한 주관이며 시각과 촉각에 의한 특수한 인상에 기인한 것이라 하였다. 그와는 달리, 라이프니츠(Gottfried Wilhelm Leibniz, 1646-1677)는 공간은 표상(表象)으로서 주관적이지만 감각의 지각이 사물간의 관계에 유사한 질서를 나타내고 있는 한 객관적이라고 했다. 이러한 견해들이 칸트의 공간론에서 종합되었다. 그는 공간에 있는 사물과 관련시킨 범위 안에서 공간을 '모든 사물을 그 속에 둘러싸는 그 무엇'이라하였다. 이것은 뉴턴, 클라크, 데카르트 그리고 스피노자

---

118) '선천적'이란 인간의 경험에서 얻어지는 것이 아니다. 공간과 시간은 인간의 '마음속에 선천적으로 마련되었다(im Gemüte apriori bereit)'고 보았다. : Immanuel Kant, Die Kritik der rein Vernunft, 1781 ; 최재희 역, 순수이성비판, 박영사, (1972)1999, 공간론(B37f.) 참조

의 견해를 포함하는 것이다.

한편, 그 무엇이란 '직관 형식' 이어서 공간은 주관성을 면치 못한다는 버클리의 견해도 있다. 그러나 그는 일반적 형식과 특수한 경험의 내용을 구별하여 공간을 경험적으로 주어진 것으로 보는 견해에는 반대하였다. 그리하여 칸트는 공간을 외적 현상의 '선천적 직관 형식' 이라고 규정하였다.[119] 구체적으로 말하면 첫째, 공간의 관념은 경험에서 생긴 것이 아니다. 둘째, 공간은 선천적 필연에 의해 생긴 것이다. 셋째, 공간은 일종의 보편적 개념이 아니라 각기 개별적 관념들이다. 넷째, 공간은 무한하며 자체 안에 여러 공간을 내포하고 있다. 이렇게 기하학의 확실성과 공간 차원의 선천적 과학은 공간이 외적 지각의 형식에 불과하다는 이론에 의해서만 설명되었다. 그래서 그의 공간은 경험적 대상이 아니라 선험적으로 필요한 개념이 된다. 다시 말해서 칸트의 공간은 경험적으로는 실제적이지만 선험적으로는 관념적이다. 이와 같은 말은 시간에 대해서도 같다. 결국 그의 공간은 외적 지각 조건이고, 시간은 내적 지각의 조건이다.[120] 이렇게 칸트는 공간을 선험적 직관으로 인식했을 뿐만 아니라 공간에 대해서도 무한한 특성을 부여하였다.[121]

칸트의 공간개념은 뉴턴의 절대적 공간개념을 확장시킨 것이다. 물론 칸트의 공간이론은 뉴턴과 다른 견해를 유지한 라이프니츠와 같은 과학자는 물론, 흄(David Hume, 1711-1776)과 같은 영국의 경험주의자의 이론과도 대립되었다. 결론적으로 그는 공간을 '예술의 시각적 세계로서 선험적 직관' 이나 '이상적 선험의 직관' 에 조화시키지 않았다. 자신의 개념 방식은 공간에 미학적이고 지각적 의미를 부여할 수 없게 하였다. 이것을 보완할 수 있도록 한 것이 관념론(Idealismus)의 사상이다. 칸트로부터 시작된 관념론은 18세기 말부터 19세기 전반에 걸쳐 독일에서는 주도적 철학 사상이 되었다. 보통 피히테(Johann Gottlieb Fichte, 1762-1814)를 주관적 관념론, 셸링(Friedrich Wilhelm Joseph von Schelling, 1775-1854)을 객관적 관념론, 그리고 헤겔을 절대적 관념론이라고 한다. 관념론은 인간의 정신을 가장 근원적 존재로 간주하며, 신이나 물질적 자연계보다는 먼저 인간 정신을 중시한다. 이러한 사상은 궁극적으로 르네상스 이래 인본주의 발전의 한 형태로 볼 수 있다. 그

---

119) Immanuel Kant, 같은 책, 공간론(B37f.) 참조.

120) Johannes Hirschberger, Geschichte der Philosophie, 1948 ; 강성위 역, 서양철학사, 의문출판사, 1987, pp.415-419.

121) Ralf Ludwig, Kant für Anfänger: Die Kritik der reinen Vernunft, 1998 ; 박종목 옮김, 쉽게 읽는 칸트 순수이성비판, 이학사, 1999. pp.74-82.

러므로 관념론에서는 인간 정신의 소산인 예술에 극히 높은 지위가 부여된다.

한편 예술의 자율에 대한 주장, 즉 예술을 위한 예술(l'art pour l'art)은 빅토르 쿠잔(Victor Cousin, 1792-1867)이 사용하면서 급속히 일반화되었다. 이렇게 18세기에 시작된 예술의 자율성은 19세기에 접어들어서 한층 더 명확해졌다. 체계적 입장으로부터 진보된 철학자의 미학 사상은 피히테와 쉘링을 거쳐 헤겔로 발전하는 관념론 철학의 일환을 이루었다. 의식적으로 칸트와 연관을 갖고 발전시켜나간 피히테의 영향을 받은 쉐링은 자연과 정신은 동일하다는 신비로운 동일철학(Identitätsphilosophie)을 제창한다. 그는 절대 최고의 경지를 예술에서 찾아 예술성의 자율을 주장하였다. 그것은 건축에서도 마찬가지다. 특히 건축과 음악의 친근성에 관하여는 '예술철학(Philosophie der Kunst)' 이라는 주제로 3회(1802-3, 1804, 1805년)에 걸쳐 강의한 원고에서 언급된다. 이러한 표현은 후에 괴테(Johann Wolfgang von Goethe, 1749-1832)는 물론 헤겔 등 많은 사람이 널리 사용하게 된다.122)

헤겔은 이념적 내용이 감각적 형태를 지배한다는 미학이론을 세웠다. 그는 [미학강의(Vorlesungen über die Ästhetik, 1817-27 : 두행숙 역, 헤겔미학, 나남, 1996)]에서 예술 작품은 이념의 감각적 표현이라 한다. 즉 예술은 곧 발전할 형이상학적 내용의 표면적 상징이라는 것이다. 헤겔에게 내용은 바로 정신이었다. 그는 미술사를 이러한 정신의 이념과 동시에 물질적 표현수단의 시간 속에서의 발전의 기록으로 보았다. 그의 이러한 인식은 독일의 전통 내용과 형태가 조화를 이룬 상태에서 확립된 미술사의 올바른 출발이었다. 헤겔은 예술가는 정신의 표현을 추구할수록 물질적 방법의 한계를 극복하지 않으면 안 된다고 생각하였다. 즉 공간과 시간을 물질에서 분리시키는 뉴턴식의 견해를 객관적 관념론의 방식을 통해 극복하려 하였다. 그러나 헤겔이 말하는 물질은 공간과 시간으로부터 종합된 것이고, 그것은 공간과 시간에 비해 부차적 성격을 갖는다. 이에 반해 공간과 시간은 단순히 양적이고, 변화는 결코 질적 변화를 가져올 수 없다는 것이다. 그러므로 그의 관념론적 근본 입장은 이 문제에 대한 견해를 함축하고 있다. 헤겔은 [미학-III]의 건축편에서 건축은 독자적이고 상징적 건축에서 고전건축을 거쳐 낭만적 건축으로 발전해 왔음을 지적한다. 그래서 건축 발전의 마지막 절정에 달하는 단계는 고딕 시대의 대성당에서

---

122) '건축은 동결된 음악' 이라는 말의 출처는 괴테, 쉘링, 헤겔 등에 의해 기록되어서 그 출처가 혼돈되고 있다. 그런데 H.M. Schueller는 A.W. von Schlegel과 F. von Schlegel의 'Athenäum, 1798-1800' 에서 처음 사용했다고 한다. : 이대암, 시간과 공간과 음악과 건축, 대우출판사, 2001, p.35.

구체적으로 표현된 것으로 본다. 그는 거기서 표현된 이념은 영혼이며 절대적 정신이고 신의 안방이라 한다. 결국 헤겔의 미학이론에서는 건축물의 경계에 의해 둘러싸인 공간이 필요한 내용으로 인식되고 또한 동일시된다. 다시 말해서 구체적 형태에 의해 가시화된 그 속의 공간은 정신의 구체적 내용이 된 것이다. 이렇게 헤겔의 미학은 매체 위에 구축되었다. 물질의 개념은 극단적으로 축소되어야 할 부정적 힘이라고 생각해서 형태와 이념 사이의 개념적 간격을 배제하는 것이었다. 그의 명제는 근대 예술적 사고에 많은 영향을 주었다. 헤겔의 개념이 예술적 성과를 거두게 된 시기는 거의 19세기가 지나서였다.

한편 헤겔과 같은 시대에 활동한 쇼펜하우어(Arthur Schopenhauer, 1788-1860)는 헤겔적 개념에 대해, 그것이 지성과 이성적 원리에 의해 지배되고 있었기 때문에, 부당하다고 생각하였다. 그는 예술을 과학보다 높은 수준 위에 두기를 바랐으며, 형태 내부의 내용은 정신이 아니라 의지(Wille)였다. 즉 미는 의지의 객관화된 상태에 종속되기 때문에 공간, 시간, 물질은 '선험적인 것에 상응하는 것' 이었다. 그럼에도 칸트처럼 공간을 건축 형태의 본질적 내용으로 취급하는 데 실패했다. 그는 건축을 완전히 물질로 간주하고 있었기 때문이다. 쇼펜하우어는 [의지와 표상으로서의 세계(Die Welt als Wille und Vorstellung, 1819), 홍성광 옮김, 을유문화사, 2009]에서 이러한 사항을 분명히 하였다. 그에게 건축은 단순히 물질이고 이념의 표현이 불가능한 물질이다. 그것은 건축이론에서 객관적 의지가 가장 낮은 단계에 있기 때문에, 건축에 대한 그의 분석 내용은 '하중과 지지(Stütze und Last)'의 개념에 중심을 두고 있다. 그는 건축의 유일한 미학적 요소는 지구 중력에 맞서는 건물 자체의 견고함을 유지키 위한 충돌로 본다. 그래서 쇼펜하우어는 공간의 성격은 이념이 아니므로 순수예술의 주제가 될 수 없다는 것이다. 그에게는 열렬한 지지자들도 있었다. 19세기 베를라헤와 같은 사람들이다. 형태와 중력의 대립, 즉 하중과 지지를 거의 절대적으로 표현한 쇼펜하우어의 건축이론은 19세기 말 피셔(Friedrich Theodor Vischer, 1807-1887), 뵐플린(Heinrich Wölfflin, 1864-1945), 그리고 립스(Theodor Lipps, 1851-1914)에 의해서 감정이입 이론 확립의 기틀을 마련했다.

2. 건축공간 개념의 확립

건축을 공간 예술로 논하기 시작한 것은 19세기 초 독일어권역에서였다. 셸링은 앞에서 언급된 '예술철학(Philosophie der Kunst)' 강연에서 건축을 '응고된 음악(erstarrte Musik)', 또 '공간의 음악(Musik in Rume)'이라 하였다. 그는 "음악에서 인터벌은 시간의 간격이지만, 건축에서는 공간의 간격"이라 했다. 한편 졸거(Karl Wilhelm Ferdinand Solger, 1780-1819)는 [에르빈(Erwin, 1815)]에서 "공간의 법칙과 조형의 일치를 추구하는 예술로서의 건축"을 논했다. 그 후 19세기 중반의 건축이론에서 건축은 개념적 표현의 예술에 대해서 모방적이며, 절충적 예술로서 전개되었다. 그것은 러스킨이 [건축의 일곱 등불(The Seven Lamps of Architecture, 1849) : 현미경 옮김, 마로니에북스 2012]의 '생명의 등불'에서 언급한 모방과 변화 그리고 수작업에 의한 생명의 표현과 같은 것이었다. 독일에서 피셔의 [미학 또는 아름다움의 학문(Äesthetik oder Wissenschaft des Schönen, 1846-57)]이 이와 비슷한 발전을 이루었다. 그에게 미는 감각적 형상의 형식에의 이념이었다. 그는 시각적 미를 선과 진의 윤리학과 동일시하였다. 이러한 개념을 신학적 윤리학과 잘 조화시키면서 헤겔의 이념을 계승해 나갔다. 그 역시 러스킨처럼 건축의 공간개념보다는 건물의 외관에 주의를 기울였으나 후기에는 상징의 개념을 발전시켰다. 피셔는 건축을, 쇼펜하우어처럼 하중과 지지로 그리고 러스킨처럼 살아 있는 것으로 받아들였기에, 세속적 생활감정(Lebensgefühl)을 표현하는 예술로 이해하게 된 것이다.

건축에서 공간개념을 본격적으로 다루기 시작한 것은 19세기 중엽에 부르크하르트(Jacob Burckhardt, 1818-1897)였다. 그는 건축에서 공간미를 최초로 언급하였다. 1855년 [치체로네(Der Cicerone) : 박지형 옮김, 서울대, 2014]에서는 건축에서 공간적 감정과 형식적 감정이 서로 어울려서 그 아름다움을 창출한다고 보았다. 이 공간적 감정과 함께 언급된 것이 공간미의 이념이다. 그것은 건축의 형식미, 양감(量感)미, 기능미 등과는 달리 순수하게 공간 자체가 지니는 아름다움이라는 데 그 특징이 있다. 이 공간미의 개념은 형식미, 구조미, 장식미와 같은 최상위 개념으로 되어 있다. 이러한 인식은 건축공간 자체의 아름다움으로는 충분하지 못하지만, 형태와 구조 그리고 장식 등이 뒷받침되어 돋보이고 있다. 그 후 부르크하르트는 [이탈리아 르네상스 이야기(Geschichte der Renaissance in

Italien, 1867), 지봉도 옮김, 2011, 동서문화사]에서 공간 양식의 개념을 새롭게 다루었다. 거기서 그는 명확한 정의를 내리지는 않았지만, 르네상스에서 가능했던 공간과 형태의 여러 관계양식을 공간 양식이라 하였다. 그에게서 공간과 형태는 상호 보완하는 것이었고, 그의 공간감, 공간미 그리고 공간 양식은 건축 공간론을 구성한다기보다는 공간에 대한 무한한 동경과 찬미를 의미하는 것이었다.

건축가가 공간개념을 자신의 이론에서 다룬 이는 고트프리드 젬퍼였다. 그는 19세기 후반 이후 독일에서 가장 영향력이 컸던 이론가이며 건축가였다. 젬퍼는 영국의 러스킨이나 프랑스의 비올레 르 뒤크처럼 19세기 후반의 건축의 다양한 사상을 품었다. 그러나 그는 유일하게 공간개념을 자신의 건축 미학의 종합체로 제시하였다.[123] 젬퍼는 [양식론(Der Stil in den technischen und tektonischen Künsten oder praktische Ästhetik, 1860)]에서 모든 자연형태는 공간적 확장에 관련되어서 폭, 높이, 깊이와 같은 세 가지의 공간적 계기를 가지며, 이들은 대칭, 비례, 방향의 세 가지 계기가 도출된다고 서술하고 있다. 무엇보다도 젬퍼는 건축을 서 있는 인간으로부터 도출시킨 세 방향을 띠는 데카르트적 공간의 확장으로 이해했다. 이러한 그의 이해는 건축이론의 출현 이후, 처음으로 인간이 자신이 만든 인공물과 기능을 감싸고 있는 공간에 연관시켰다. 물론 젬퍼는 공간개념을 명백하게 설명하지는 못했다. 그러나 그는 3차원과 수평축에 관련된 인간의 전개를 연상시킨 최초의 건축가라고 생각할 수 있다.[124] 뿐만 아니라 건축에서 평면과 외관은 물론 어떤 장식적 요소들도 포함하여 건물의 기능을 표현한다는 믿음을 가지고 있었다. 이러한 생각에서 그는 예술적 상징 특히 건축적 상징의 개념을 예술의 요소로써 처음으로 인정하였다.[125]

감정이입 개념의 도입

한편, 19세기 말 독일 이론가들은 감정이입(Einfühlung)의 개념에 사로잡혀 있었다. 그것은 건축에서 공간개념에 새로운 활기를 불어넣어 주었다.

---

123) Wolfgang Herrmann, Gottfried Semper: In Search of Architecture, MIT, 1984.
124) Cornelis van de Ven, 앞의 책, p.77.
125) 井上充夫, 建築美論, 鹿島, 1991 ; 임영배, 신태양 역, 건축미론, 국제, 1994, p.177.

로베르트 피셔(Robert Vischer, 1847-1933)는 그의 부친 프리드히 데오도르 피셔(Friedrich Theodor Vischer, 1807-1887)의 미학적 상징주의에 영향을 받아 1873년 [시각적 형식감정론(Über das optische Formgefühl)]에서 감정이입의 개념을 처음으로 도입했다. 로베르트는 경험심리학을 통해 촉감이라는 것은 경험의 정도와 밀접한 관계가 있는 사실을 알게 되었다. 그는 공간의 본질은 이미 경험한 3차원으로 환경과 영혼의 대화로 보았다. 뉴턴과 그의 후예들이 확립한 물리학으로 물질주의적 세계관을 갖게 된 당시의 상황에서는 분명한 전환이었다. 그는 영혼의 기본적 힘은 감정이라고 주장했다. 감정은 우리와 대상물을 연결시킨다. 우리는 그 대상물들이 식물이나 인간이든 간에 우리의 영혼에 주입시킨다. 그는 이러한 과정을 감정이입이라 하였다. 그러나 로베르트 피셔의 이론은 거의 경험심리학의 범주를 벗어나지 못했다. 그 후 1890년대 초에 비로소 공간개념이 명확한 예술적 경험의 본질로 이해되었다. 그것은 립스와 같은 미학 이론가들에 의해서였다.

데오도르 립스는 [공간 미학과 기하학적-시각적 착각(Raumästhetik und geometrisch-optische Täuschungen, 1897)]에서 공간 미학의 문제를 다루었다. 그러나 립스의 공간이란 1, 2, 3차원의 공간, 즉 점, 선, 면, 입체까지를 포괄하는 공간이다. 그러나 그는 미적 대상으로서의 공간에 관해서 활력 넘치는 공간, 즉 "생생하게 형성된 공간이다"라고 주장했다. 그는 이러한 생명력을 시각화하기 위해 생명력을 추상적 도식으로 변형시킬 수 있는 공간론을 제안했다. 여기서 그는 형(shape)과 형태(form)를 구별하였다. 형은 그 대상물의 매스이고, 형태는 매스를 제거할 때 남는 것으로 추상적 공간구조라 하였다. 이렇게 립스는 건축을 추상적 공간의 형상과 공간의 체험을 지닌 예술이라 하였다. 그러나 그는 인간이 서 있는 3차원이라는 공간적 둘러쌈에 대해서는 언급하지 않았다. 그의 공간성은, 물체 자체만을 이해하는 하나의 방법에 지나지 않는 것 같지만, 주로 내적 정신생활을 시각화하는 문제점을 다루고 있으며 외부 형태를 통하여 관찰자들에게 도달하게 된다. 그러나 공간적 추상작용이라는 새로운 인식은 아르누보 건축가들에 의해서 시각화되어 공간개념의 형태 수립에 큰 역할을 하였다.[126]

또 립스는 [심리학 입문(Leitfaden der Psychologie, 1903)]에서 인식의 원천으로 되어야 하

126) 아르누보는 공간적 추상작용이라는 새로운 인식을 시각화시킨 최초의 운동이다. 뿐만 아니라 19세기의 절충적 경향을 분명하게 깨뜨렸기에 근대 건축 최초의 진실한 운동이다.

는 심적 작용으로 감각적, 지적, 내적 지각, 감정이입을 들었다. 그는 이러한 감정이입을 원리로 미학을 체계화하고, 예술의 심리적 사실 규명을 시도하기 위해 [미학(Ästhetik, I-1903, II-1906)]을 저술하였다. 물론 그의 미적 감정이입은 실생활의 감정이입과는 달리 순수한 미적 관조를 전제로 하였다. 여기서 그는 생생하게 형성된 공간을 더욱 심화시키기 위해 공간혼을 언급한다. 공간혼이란 공간에서 심적인 것이며, 그는 이것을 기분이라 한다. 이 기분의 감정이 좁은 의미에서의 공간 감정이다. 립스는 육체 감정 역시 공간 감정이며, 특히 건축 감정마저도 공간의 감정이라고 부른다. 부르크하르트가 어떤 정의도 내려지지 않았던 공간 감정이 여기서는 공간혼으로서, 기분으로부터 도출되었다. 그러나 무엇보다 립스가 중요하게 본 것은 공간에 감정이 이입될 때이다. 그는 한 개인이 건축 내부 공간에 이입하는 감정을 그가 확산하는 감정이라 한다. 이렇게 립스의 공간 체험은 내면적 대화를 의미한다. 자칫하면 분석이 곤란한 공간 체험의 구조가 공간혼, 기분 또 공간 감정의 도입으로 그 입장이 분명해져서 특히 공간혼의 내면화라는 관점에서 매우 중요한 일이 되었다.

독일어권 1세대의 건축공간

이렇게 싹트기 시작한 공간개념은 근대건축운동이 시작하기 이전에 이미 힐데브란트, 슈마르조브, 리글과 뵐플린과 같은 이들에 의해서 확립되었다. 이들 독일어권 1세대들은 근대 건축에서 공간개념을 적용시키기 위한 길을 열어 주었다.[127)]

공간개념의 발전에서 큰 역할을 한 이는 독일의 조각가 힐데브란트(Adolf von Hieldebrandt, 1847-1921)이다. [조형미술의 형식(Das Problem der Form in der bildenden Kunst, 1893), 조창섭 옮김, 민음사, 1989]이라는 그의 논문은 예술에서 공간개념을 탄생시키는 데 큰 영향을 미쳤다. 그는 예술가의 과제는 공간이나 형의 표상을 명확하게 표현하는 데 있다 하였다. 그것은 또 실재하는 형(形)으로서의 존재형식(Daseinsform)을 가상(假象)으로서 표현되는 작용형식(Wirkungsform)으로 전환시켜 얻어진다 하였다.

---

127) 공간형성(Raumgestaltung) : 딱딱한 표면을 둘러싸는 것에 대립되는 장소 또는 실(室)의 공간적 설계의 중요성에 대한 독일인들의 이해력은 언어에서도 볼 수 있다. 독일어에는 공간과 장소(또는 室)가 언어로 일치되는 사실에 주목할 필요가 있다. 그들은 장소를 무한한 공간의 한 작은 부분으로 생각하는 데 어렵지 않았다. 오히려 달리 생각하는 것 자체가 불가능했다는 것을 알 수 있다.

그는 논문의 서두에서 공간적 표상(表象)을, 한정된 공간의 표상으로서의 형식표상(Formvorstellung)으로 보아, 사물의 본질적 내용 또는 본질적 실재(Realität)로 파악해야 한다고 지적하고 있다. 이러한 두 개념은 각각의 이미지 형성의 결과로 나타나는 두 가지의 다른 인식 방법이라는 것이다. 그는 이것을 원상(遠像 Fernbild, distant-image)이라고 하는 시각표상(Gesichtsvorstellung)과 동적시각 또는 운동시각을 통해 감지되는 운동표상(Bewegungsvorstellung, kinetic vision in motion)으로 구별한다. 그것은 순수시각과 운동시각의 대비이며, 원상과 근상의 대비이다. 그것은 우리가 어떤 작품을 감상할 때 그 전체상을 통합하여 파악할 수 있는 것은 시각의 원상 때문이다. 거기서는 작품이 2차원의 면적으로 나타난다. 그러나 그 작품에 접근할수록 우리는 그 전체상을 파악하지 못하게 된다. 하지만 시각은 운동을 수반하는 촉각으로 근상을 획득하여 작품은 3차원 공간의 모습으로 나타난다.

힐데브란트에게는 공간은 3차원의 확산이며, 3차원으로 향하여 움직일 수 있음을 뜻한다. 1차원과 2차원으로 구성된 평면에 안길이로서의 3차원이 더해질 때 공간은 비로소 통합체로서 파악할 수 있게 된다. 그의 부조(浮彫)개념이란 이러한 통일 원리로서 비롯되었다. 그의 건축론 역시 이 부조개념에 바탕을 두고 전개된다. 힐데브란트는, 공간표상의 표출로서 그리고 형태와 기능의 표출로서 형태에 대하여, 진정한 예술 작품은 전자의 공간 가치와 후자의 기능 가치를 동시에 조형해야만 한다고 지적한다. 여기서 그가 어떻게 건축을 공간형성의 예술로 보며, 건축에 내재하는 기능적 가치까지도 공간 가치의 통일 아래에서 파악하려고 했는지를 잘 나타내고 있다. 건축공간과 기능 그리고 형태에 관한 그의 언급은 슈마르조브의 지적과 함께 근대 건축론과 예술론에서 끊임없이 이어져 내려오는 하나의 사상이다. 부르크하르트에게서는 아직까지 직관적으로만 구사했던 공간 자체의 미적 가치가 공간 가치(Raumwert)로서 인정받게 되었다.

공간 형성자로서의 건축

건축에서 공간 감정, 공간미, 공간 양식, 공간 가치, 공간혼, 공간 체험 등을 의식적이며 조직적으로 고찰된 것은 아우구스트 슈마르조브(August Schmarsow, 1853~1936) 이후부터이다. 그가 건축 공간론의 형성에 끼친 영향은 지대하다. 힐데브란트가 [조형미술의 형식(Das Problem der Form in bildeden Kunst, 조창섭 옮김, 민음사, 1989)]을 발표하던 1893년에 슈마르조브는 [건축적 창조의 본질(Das Wesen der architektonischen Schöpfung, 1893)]에서 이제까지 형태 표현으로서의 건축, 건축술로서의 건축, 응용예술로서의 건축과 같은 입장에서 벗어나 공간 예술로서의 건축이라는 입장을 처음으로 부각시켰다. 그는 건축예술을 공간 형성자(Raumgestalterin)로 보았다. 이것은 '공간형성'으로서 건축을 최초로 정의한 것이었다.128) 이러한 이유로 슈마르조브는 건축의 역사는 공간감(Raumgefühl)의 역사라고 결론지었다.

슈마르조브는 공간개념과 공간 형태를 구별하였다. 공간 형태는 공간개념을 표현하는 것으로서 우리를 둘러싸고 있는 네 개의 벽체들에 의해 가장 기본적으로 표현되었다고 보았다. 그의 이론은 젬퍼의 세 가지 요소 계기에 기반을 두고 있으나 그 원리를 더욱 정교하게 다듬었다. 이렇게 네 개의 기본 평면으로 형태를 축소시키는 것은 데 스틸 건축에서 추상적 형태의 전조가 되었다. 그의 공간 형태는 외부 공간과 마찬가지로 반드시 위를 덮을 필요가 없기에 지붕을 포함시키지 않았다. 그것은 비엔나의 건축가이며 도시계획가인 카밀로 지테의 영향이었다. 어쨌든 슈마르조브는 [예술학의 기초개념(Grundbergriff der Kunstwissenschaft, 1905)]에서 인간이 만들어낸 공간개념이나 형태는 항상 두 가지 양극성이 있다는 것을 알았다. 그것은 둘러싸인 공간의 창조와 이것의 필수적 대응으로서의 형태 창조를 인식하여 얻은 결과였다. 그는 건축을 그 속에서 인간이 자유롭게 움직일 수 있는 제한된 공간의 창조자로서 규정한 최초의 인물이었다. 그 목적이 지닌 의도는 젬퍼의 사상과 비슷하지만 더 넓은 실존적이고 예술적 영역으로 유도된다. 그 후 그는 [건축 창조의 본질로서의 공간구성(Raumgestaltung als Wesen der architektonischen Schöpfung, 1914)]에서 공간의 문제를 총괄적으로 정리하였다. 그는 공간을 시각만으로 파악할 수 있다는 기존의 미술론을 비판하였다. 이것은 공간의 지각에는 언제나 신체 감정 혹은 촉각의 작용이 중요하며, 이 경우 우리는 정신의 눈으로 보게 된다는 것이다. 거기서 공간은 단순히 인간을 고통으로부터 보호하는 것만 의미하는 것이 아니라 자기의 놀이 공간(Spielraum)을 의미하기도 한다. 그는 공간을 3종류, 즉 촉각적 공간(Tastraum), 운동적 공간(Gehraum), 그리고 시각적 공간(Sehraum)으로 구분하여, 공간과 시간에 동시

---

128) 슈마르조브는 건축의 가장 내적인 본질은 공간형성 특히 내부 공간의 형성에 있다고 한다. 공간에 대한 인간의 감정과 환상은 예술의 만족을 얻도록 한다는 것이다. 그는 '인간적 공간구성에서 차원의 가치에 대하여(Über den Wert der Dimensionen im menschlichen Raumgebilde, 1896)'에서 건물은 에워싸고 있는 벽체를 취급하는 것이 아니라 인간이 세계와의 공간적 논쟁으로서 분명하게 된 정신, 즉 영혼(état d'âme)을 표현하는 것이라고 주장한다.

에 발생하기 쉽고 연속적으로 경험하기 쉬운 모든 인간의 감각을 통합시켰다.

슈마르조브는 공간 관념이란 역사적 양식의 중대한 요인이라는 확신을 표명했다. 이러한 확신은 후에 리글(Alois Riegl, 1858-1905)에게는 물론 브링크만(Albert Erich Brinckmann, 1881-1953)과 프랑클(Paul Frankl, 1878-1962)과 같은 다음 세대의 독일 예술사가들에게 공간 개념을 주요 기준으로 적용시키면서 과거를 재조명하게 계기를 만들어 주었다. 그들 중 가장 영향력이 있는 사람은 예술 의지(Kunstwollen)의 개념을 도입시킨 리글일 것이다. 일명 빈학파(Wiener Schule)라고 알려진 리글 학파는 미술작품의 엄격한 분석에서 출발하였지만 이 양식적 특색과 배후의 정신적 기반의 관련성을 중시하였다. 즉 미술 양식을 각 시대의 시대정신(Zeitgeist) 그리고 세계관념(Weltanschaung)의 구체적 표현이라고 생각하였다. 이 점은 바젤의 뵐플린 학파와 달랐다.

리글은 예술 의지를 최고의 선험 조건으로 보았다. 그는 형태가 어떠하든 모든 예술 의지의 원천을 공간 관념이라 하기에 이르렀다. 또 그는 힐데브란트의 원상 - 근상, 시각적-촉각적 대립 개념을 고대 예술의 이해를 위해 [후기 로마 공예(Spätrömische Kunstindustrie, 1901)]에서 더욱 발전시켰다. 리글은 건축의 중요한 테마를 공간형성과 형태구성의 상호관계에 있다고 보며, 공간구성의 특징은 주로 건축 내부에서 나타나고, 형태구성의 특징은 외부에서 주로 나다난다고 하였다. 그는 이 형태구성을 공간경계의 창조라고 불렀다. '공간경계' 란 기존 건축의 양감(量感) 또는 형태에 대한 새로운 표현인데, 이것을 공간을 경계하는 것이라고 보았다는 점에서 공간개념이 당시에 얼마나 중요하게 여겼는가를 엿볼 수 있다. 그에게 공간개념은 다시 양식 개념으로 제고되었다. 리글의 고대 예술에 3단계의 발전단계는 바로 여기에서 비롯되었다.[129] 그러나 리글의 방법은 구체적 사례에서는 많은 모순에 빠지게 되었다. 그에 대한 부정적 태도와 촉각 및 시각적 경험에 대한 그의 실수에도 불구하고, 그는 보링거(Wilhelm Worringer, 1881-1965)와 같은 후대의 이론가들, 그리고 예술과 건축에서 추상 운동을 이끌어간 예술가들에게 많은 영향을 주었다.

---

129) 그 제1단계는 이집트 예술이고, 2단계는 그리스 예술이며, 3단계는 후기 로마 예술이다. 이 3단계에서 예술 작품의 표현은 완전한 3차원을 획득한다. 여기서 비로소 공간의 존재가 인정되어 사물의 파악과 표현은 원시적(遠視的), 시각적, 공간적인 것이 된다.

공간 관념의 옹호자와 감정이입의 경향

19세기 말의 전환기에는 두 가지 중요한 건축사상의 학파가 자리 잡기 시작했다. 하나는 공간 관념의 옹호론자들이었고, 다른 하나는 감정이입에 기반을 둔 경향의 사람들이었다. 전자는 앞에서 언급된 힐데브란트와 슈마르조브, 그리고 리글의 태도를 따르는 소위 빈학파이고, 후자는 피셔와 볼켈트(Johannes Volkelt, 1848-1930)[130], 그리고 립스의 전통을 계승한 뵐플린의 태도를 따르는 소위 뵐플린 학파이다. 이 두 학파의 철학적 태도는 20세기 초기에 표현주의와 추상적인 신조형주의(Neo-Plasticism) 즉 자연적 형태와 추상적 형태를 추구하는 반대 경향간으로 치열한 논쟁의 전조가 되었다.

뵐플린은 최초로 물질적 형태에 구체화된 의인론적 형상이 건축의 본질이라고 믿었다. 그는 과거의 어떤 양식에 대해서도 감정이입의 이념으로 설명할 수 있는 해석가로 자처했다. 그가 22세 때 쓴 학위논문 [건축심리학 서론(Prolegomena zu einer Psychologie der Architektur, 1886)]은 건축 심리학이라는 새로운 분야를 개척했다. 그것은 인간 영혼의 잠재력에 의해 건축 형태 속에 융합된 숨겨진 상징주의를 표현하기 위함이었다. 뵐플린은 많은 것을 부르크하르트의 풍부한 예술 감각에서 배워서 그것을 구별된 모든 개념으로 정리하였다. 그의 건축의 기본요소들은 물질과 형태이지 공간은 아니었다. 그는 공간으로서의 건축보다는 형태에 더 주목하여, 건축을 물리적 형태의 예술이라고 말하였다.

뵐플린은 [르네상스와 바로크(Renaissance und Barock, 1888 ; Kathrin Simon, Renaissance and Baroque, 1966)]에서 물질적 형태에서 이상화된 그 시대의 '생활감정(Lebensgefühl)' 이라는 명제를 발전시켰다. 그러나 르네상스와 바로크의 비교에서 그는 실제로 면적인 것에서 안길이가 있는 깊이를 언급하여 나름대로의 공간개념도 정리하였다. 그의 공간개념이 더 잘 전개된 것은 [이탈리아와 독일의 형식 감정(Italien und das deutsche Formgefühl, 1931)]에서였다. 이탈리아와 독일의 대비가 여기서는 양자의 공간형성의 대비가 되었다. 이탈

---

130) 감정이입설에 대해 가장 광범위하고 체계적인 이론을 제시한 사람은 볼켈트이다. 그의 주된 사상은 '미학체계(Das System der Ästhetik, 1905-14)' 와 그것을 보충하기 위하여 저술된 '미의식론(Das ästhetische Bewusstsein, 1920)' 에 나타나 있다. 볼켈트도 립스와 똑같이 감정이입을 미적 태도에 제한받지 않는 일반적인 과정으로 파악하였다. 그러나 립스와는 반대로 대상에 이입되는 감정은 현실 감정이 아니고 감정의 표상이라고 한다. 이 표상에는 감정을 현실적으로 체험할 수 있는 '가능성의 확실감(Gewissheit der Möglichkeit)' 이 함축되어 있다고 한다.

리아의 부동의 공간에 비해 독일의 동적인 공간이 대비되기 때문이었다. 물론 그에게도 형태와 공간은 훌륭한 균형을 이루었다. 따라서 형태에의 감정이입은 동시에 공간에의 감정이입을 의미하게 되었다. 이렇게 뵐플린은 점차 심리학적 해석에서 형태 예술적 관점(künstlerishes Sehen)이었다. 그것은 존경하는 친구인 힐데브란트의 영향이었다. 그러나 결코 힐데브란트처럼 조형론적 공간개념은 채택하지는 않았다. 뿐만 아니라 그는 힐데브란트와 같은 형식주의 이론, 즉 종전의 연대기적이고 도상학적 미술사에서 탈피하여 개개의 작품 속에 이관된 양식의 발전을 더듬어 가는 '인명 없는 미술사' 연구의 이론적 배경이 되었다.

한편, 작품 그 자체의 시각적 형식을 역사적 관찰의 중심에 놓은 그의 근본 사상은 [미술사의 기초개념(Kunstgeschichtliche Grundbegriffe, 1915) ; 박지형 옮김, 시공사, 1994]에 이르러 구체적이고 총괄적으로 나타났다. 여기서 그는 양식을 개인의 기질, 민족성, 시대정신의 표출로서 이해하는 기존 방법을 배제하고, 양식의 표현방식 그 자체로서의 내면적 의미에 주목해야 할 것을 제창하였다. "양식에는 대개 이중의 근원이 있다면서 종래의 방법을 보충하기 위해서는, 표출에서 분리된 순수한 시각적 형식을 추출하여 그 발전으로서의 양식사를 확립하는 것이야말로 미술사의 급선무"라 하였다. 그는 모든 시각 경험을 표현하기 위해서는, 반대 개념인 이중방식 개념 개발의 필요성을 공감하였다.[131]그는 우선 르네상스로부터 바로크로의 양식 발전에서 가장 보편적 표현방식을 의미하는 것으로 다섯 쌍의 기본개념을 이끌어냈다.[132] 그는 이 이중개념을 통해서 모든 시각 경험을 표현하고자 했다. 이렇게 그의 감정이입적 개념은 거의 완전히 사라지고 예술의 역사는 양식의 형태적 측면을 조직적으로 분석하는 과학이 되었다. 그러나 무엇인가 신비스러운 뵐플린의 공간개념은 예술비평의 기술로 사용되었지만, 그 개념이 서구에 널리 퍼져나가게 된 것은 그의 영어권 제자들에 의해서였다.[133]

---

131) 그것은 니체(Friedrich Wilhelm Nietzsche, 1884-1900)가 '비극의 탄생(Die Geburt der Tragödie, 1872)'에서 아폴로적인 것과 디오니시오스적이라고 하는 예술 창작의 근본 유형을 구분한 이래 많은 독일학자를 괴롭힌 개념이다.

132) 5쌍의 기본개념은 선적인 것-회화적인 것, 평면적인 것-심오한 것, 닫힌 형식-열린 형식, 다수적인 것-통일적인 것, 절대적 명료성-상대적 명료성이다.

133) Peter Collins, Changing Ideals in Modern Architecture, McGill-Queen's, 1965, 이정수 역, 근대 건축의 이념과 변화, 태림문화사, 1998, p.414. : 콜린스는 뵐플린의 공간개념이 제자들의 노력과 프랭크 로이드 라이트의 직관적이고 창조적인 노력이 없었더라면 현재의 건축적 중요성을 획득하지 못했을 것이라고 한다.

인간의 이상주의는 공간에 대한 사랑뿐만 아니라 공간에 대한 혐오감으로도 나타난다. 이러한 공포를 극복하기 위한 노력은 현실적이기도 하다. 그것은 인간을 안전하게 보호해주는 커다란 보호체 속에서 자신을 지키려는 원초적 욕구이다. 그것은 형태와 표면에 대한 적극적 사랑으로 나타난다. 감정이입은 이러한 욕구로부터 나온 의미를 건축 형태에 지니게 한다. 그것은 인간의 영적 생활에 잠재적으로 스며든 또 하나의 공간 관념이었다. 그것은 힐데브란트, 리글, 뵐플린과 그 이후의 보링거 등의 저서에서도 나타난 공간에 대한 공포를 조명함으로써 생기는 것으로 동전의 다른 측면과 같은 것이었다.

이렇게 제1세대 이론가들의 중요성은 의심할 여지 없다. 슈마르조브, 힐데브란트, 리글 그리고 뵐플린은 근대건축운동이 시작되기 이전에 그들의 이념들을 확립하였다. 그들은 독일인들의 사고방식을 훈련시키면서 영향을 주었다.

한편 보링거(Wilhelm Worringer, 1881-1965)는 1908년에 [추상과 감정이입(Abstraktion und Einfühlung)]이라는 논문을 발표하였다. 그는 립스의 감정이입과는 달리 추상적 개념으로 향하는 강한 충동을 만들어냈다. 그것은 그가 감정이입에 상반된다고 생각하는 힘이었다. 그가 설명했던 양극적이며 강한 충동은 리글의 중심 논제인 예술 의지를 만족시키는 것이었다. 그는 젬퍼의 경향을 띠는 세 가지 작용요소인, 즉 목적과 원료 그리고 기술은 예술적 기원이 아니라고 하였다. 그는 예술 의지의 달성만이 그 시대 최고 수준의 미를 만들어낼 능력이라 하였다. 보링거는 공간개념의 결여, 즉 '공간공포(Raumscheu)'가 추상개념에 대한 충동이라고 말한다. 이 추상개념은 인간의 공간에 대한 막대한 정신적 불안의 결과이다. 이러한 불안의 결과로 인간이 예술 세계에서 찾는 행복은 추상개념에 의해 제공된다. 이러한 충동은 두 가지 측면으로 나타난다. 하나는 모든 예술적 표현을 평면적으로 변형시키는 것이고, 다른 하나는 공간에 대한 표현을 억제시키는 것이다. 이 점에서 보링거는 힐데브란트의 부조개념을 적극적으로 이용했다. 그것은 입방체의 거북스러운 특징을 없애는 것이 예술가의 과제라는 견해였다.

건축에서 이런 공간공포에 대한 이론은 공간에 대한 적극적 개념이 수립된 후에 나타났다. 맨 처음 심리학에서 폐쇄공포증(claustrophobia)의 인식은 도시공간의 지각에 대한 카밀로 지테의 태도에 강한 영향을 주었다. 그는 [예술적 원리에 의한 도시계획(Der Städtebau nach seiner künstlerischen Grundsätzen, 1889 ; City planning according to Artistic Principles, 1965 : 도시, 건축, 미학, 손세욱. 구시온 옮김, 태림문화사, 2000)]이라는 논문을 발표했다. 그는 자신의 연구를 외부 공간의 예술적 특성에 국한시켰다. 그에게는 내부 공간과 외부 공간의 구별은 부적절하였다. 그의 관심은 전체 상태를 깨트리지 않으면서 경험될 수 있는 공간으로서 둘러싸이는 형태였다. 그는 광장공포증(agoraphobia)이라는 정신적 증세를 지적하였다. 이러한 발견은 둘러싸는 실체에 대한 그의 애정을 한층 강화시켰다. 지테의 중요한 공헌은 오목면과 볼록면 사이의 양면성의 발견이다. 이런 그의 예리한 관찰은 건축의 가장 본질적 문제를 지적한 셈이다. 여기서 지테는 노자의 철학과 연결된다. 그것은 헤르만 죄르겔(Hermann Sörgel, 1885-1965)의 공간이론의 핵심적인 주제이기도 하다.[134] 지테의 이론은 그의 제자인 브링크만은 물론 슈마르조브에게도 크게 영향을 주었으며, 볼링거와 리글 까지도 물질적 형태에 대한 사랑이 인간에게 가장 중요한 미적 충동이라는 것을 언명하였다. 이러한 개념은 바로 뒤에 일어난 표현주의운동에서 절정에 달했었다.[135] 이렇게 감정이입의 지각적 메커니즘에 따라 공간의 반대 개념이라 할 수 있는 형태가 똑같은 중요성을 가진다는 인식은 공간개념의 적극적인 확장이라 할 수 있다.

---

134) Cornelis van de Ven, 앞의 책, p.144.

135) 오늘날 우리는 공간보다는 물질적 형태의 의미와 전달 내용에 많은 관심을 보이고 있다. 그것은 사용자 참여가 형태를 좌우하고 형태의 전달 내용의 중요성이 인식되면서부터였다. 이러한 두 인식은 루이스 칸의 후기 작품과 로버트 벤추리가 행한 라스베이거스에 관한 연구로 관심을 갖게 되었다.

III

건축공간
개념의 발전

1. 공간해석의 사상적 접근

20세기 철학사상에는 두 개의 큰 흐름이 있었다. 하나는 현상학에서 존재론이나 실존철학 등으로 이어지는 흐름이요, 다른 하나는 상징론에서 기호론, 분석철학, 구조주의 등으로 연결되는 흐름이다. 이들은 모두 건축공간론에 큰 영향을 미쳤다.

먼저 현상학에서 실존철학으로의 흐름은 후설(Edmund Husserl, 1859-1938), 하이데거, 사르트르(Jean-Paul Sartres, 1905-80)를 들 수 있다. 후설은 자신의 철학을 현상학(現象學)으로, 하이데거는 그의 이론을 존재론(存在論), 그리고 사르트르는 실존주의(實存主義)라고 불렀다. 이들의 사상은 크게 보면 일련의 관계를 갖고 있다. 그 공통점은 세계를 분석하거나 추상에 의하지 않고, 직관적 구체적 전체적으로 파악하려고 하는 점에 있다.

후설에게는 의식의 직접적 소여(所與)를 엄밀히 탐구하는 것이 철학의 과제였다. 그는 '신이나 이념 그리고 물체 등 기성관념에 구애받지 않고 자연과학적 사고의 테두리에서 해방되어, 우리 자신의 가장 소박한 직접 체험에서 새로 시작할 필요가 있다' 하였다. 하이데거는 '존재라는 것은 무엇인가' 를 물었다. 그는 모든 존재의 근원이 되는 존재는 현존재(現存在, Dasein, 여기에 있는 것), 즉 나 '자신' 이라 하였다. 이 '나 자신' 은 동시에 '세계 속의 존재(In-der-Welt-sein)' 라 하였다. 사실 인간이 세계 내 존재인 한, 인간은 사물과 인간에 대한 근심(Sorge)과 불안(Angst)을 갖고 살기 마련이다. 그런데 이 '나 자신' 은 불멸의 존재가 아니라, 잠시 그곳에 내던져져 있는 존재에 지나지 않는다. 여기서 인간은 '죽음으로 향하는 존재' 이기에 인간 생활의 기본적 기분이 '불안' 이라고 했다. 그는 이 같은 입장으로 '짓는 것, 거주하는 것, 생각하는 것(Bauen, Wohen, Denken, 1952)' 136)에 관한 주제의 강연에서 건축에 대해 언급하고 있다. 여기서 그는 집을 '짓는 것과 거주하는 것 그리고 생각하는 것' 은 본래 하나이며, 집은 단지 육체를 위한 교갑(膠匣, capsule)이 아니라, 마음의 고향이어야 한다고 주장했다. 사르트르의 실존주의는 이러한 하이데거의 사상을 한층 더 철저히 분석한 것이다. 그는 '나 자신' 을 '실존' 이라고 하였다. 이 나 자신

---

136) Martin Heidegger, Vorträge und Aufstäze, 1954; 이기상, 신상희, 박찬국 옮김, 강연과 논문, 이학사, 2008.

의 존재는 우연한 결과에 지나지 않으며, 나는 세상 가운데 버려져(délaissé) 있고, 우리가 태어난 것과 죽는 것도 모두 부조리한 것이라 하였다. 또 우리는 본래 완전한 자유인이어서 오히려 '자유라는 형벌을 선고 받고' 있고, 모든 사물의 가치는 이 '나 자신'과의 관계에서 생겨나는 것이기에 그 책임도 모두 나 자신에게 있다 하였다. 이처럼 사르트르는 절대적 자아중심주의, 무조건적 자유주의, 그리고 완전한 무심론에 도달하였다.

다음으로는 상징론에서 구조주의로의 흐름이다. 이는 일관된 연구방법에 나타나는 일종의 공통성이라고 보아도 좋을 것이다. 이 계통의 사상의 초기 형태를 취한 것이 카시러와 랭거의 상징철학이다. 카시러(Ernst Cassirer, 1874-1945)는 신화, 언어, 예술, 역사, 종교, 과학 등은 모두 인간의 독자적 정신작용에 의해서 구성된 '상징형식(symbolische Formen)'이라고 하였다.[137] 그리고 상징은 인간적 '의미' 세계의 일부로서 이러한 상징형식을 만들어내는 능력을 갖는 것은 인간뿐임을 역설하였다. 카시러의 사상을 발전시킨 랭거(Susanne K. Langer, 1895-1985)에게는 상징적 변형이란 새로운 철학의 뚜렷한 힘이었다. 이에 언어학이 크게 영향을 주었다. 특히 스위스의 언어학자 소쉬르(Ferdinand de Saussure, 1857-1913)는 언어에 얽힌 신비하고 주술적 사상을 불식하는 데 크게 공헌하였다. 사람들을 언어 구성 그 자체의 연구에 관심을 갖도록 하였다. 이것은 결국 인간이 구성하는 정신능력을 문제 삼는 것으로, 기본적으로 정신분석학이나 게쉬탈트심리학(Gestaltpsychologie)은 물론 상징철학과도 같은 경향을 나다낸다. 그 결과 기호론이나 의미론 등 새로운 학문 분야가 등장되었다. 철학에서는 퍼어스(Charles Sanders Peirce, 1839-1914), 러셀(Bertrand Russel, 1872-1970), 비트겐슈타인(Ludwig Wittgenstein, 1889-1951) 등의 분석철학이 이러한 움직임을 따르면서 주로 수학이나 논리학과 어학의 관계를 추구하였다.

인류학자들의 업적도 컸다. 구조주의의 창시자 레비-스트로스(Claude Lévi-Strauss, 1908-1981)는 미개민족의 문화, 사회를 독자적 관점에서 연구하였다. 그는 [야생의 사고(La Pense Sauvage, 1962; 언정남 역, 한길사, 1996]등에서 소위 미개민족의 정신적 능력이 자칭 문명인이라고 하는 사람들과 비교했을 때 조금도 손색없음을 입증하였다. 그는 여러 문화의 배후에 있다고 생각되는 '인간문화의 보편적이고 근본적 속성'을 추상적 법칙의 차

---

137) Ernst Cassirer, Philosophie der symbolischen Formen, 1923-29(The Philosophy of Symbolic Forms, 1955) ; 박찬국 옮김, 상징형식의 철학 I-III, 대우고전총서, 아카넷, 2011-19

원에서 밝히려 하였다. 그의 관점은 소위 미개인들은, 사물을 역사적 인과관계에 의해서 이해보다는, 모든 것을 동시에 파악한다는 사실에서 출발하였다. 이러한 그의 관점은 소쉬르가 제창한 언어의 연구방법과 상통하는 것이라 할 수 있다. 인류학자 홀(Edward T. Hall, 1914-2009)도 [침묵의 언어(The Silent Language, 1959) ; 정태진 역, 탐구당, 1980]에서 각 문화권의 시간과 공간에 묻혀 있는 침묵의 언어를 판독하여, 문화적 갈등과 불신을 해소하는 데 새로운 계기를 마련했다. 그리고 [보이지 않는 차원(The Hidden Dimensoin, 1969) : 김광문, 박종평 역, 형제사, 1976]에서는 공간 이용의 시점에서 인간과 문화의 눈에 보이지 않는 구조를 깊이 분석하여 급속히 변하는 정보를 하나로 통합하는 지표를 제공하였다.

이러한 상징론에서 구조주의론의 사상적 흐름은 미학과 예술의 모든 분야에도 영향을 주었다. 특히 미학과 예술 분야에서는 일반적으로 언어의 구조보다는 언어의 정보 전달 기능에 주목하여서, 이것을 예술에 응용하여 작품의 의미와 내용을 논하는 것이 주요 과제가 되었다. 이러한 모든 철학적 연구의 성과들은 과학의 성과와 함께 건축공간을 해석하는 데에도 큰 영향을 주었다.

한편 1908년 아인슈타인 스승 수학자 헤르만 민노브스키(Herman Minknowski, 1864-1909)는 하나의 불가분의 연속을 형성하는 공간 · 시간을 수반한 4차원의 세계를 처음으로 생각해 냈다. 그후 상대성 원리와 양자역학의 성립으로 우주의 질서와 세상 돌아가는 원리에 대한 전반적 개념도 변하였다. 먼저 상대성 이론에서는 공간과 시간 그리고 물질에 대해서 이전의 고전 물리학에서 쓰이던 개념과 아주 다른 개념이 도입되었다. 이러한 개념은 아인슈타인이 처음 생각해 냈다. 고전 물리학에서는 개별적으로 존재하는 수많은 입자들이 우주를 이룬다고 가정하였다. 그런데 아인슈타인은 우주공간 전체에 연속적으로 퍼져 있는 '장(場)' 이라는 개념을 무엇보다 우선했다. 그가 내놓은 힘의 장이라는 개념은 원칙적으로 일반 기계론의 지평 안에 그대로 발을 디디고 있었지만, 이 이론은 기계론식 세계관에서 탈피하는 결정적 도약의 발판을 이루게 하였다.

아인슈타인은 공간은 인간을 비롯한 우주의 삼라만상과는 무관하게 단지 그들이 활동하는 무대라는 이전의 생각에 새로운 인식을 보였다. 또 서로 아무런 관계조차 없다고 보았던 시간과 공간이 실제로 뗄 수 없는 연속체, 즉 시공연속체(時空連續體)라는 새로운 인식을 심어 주었다. 이러한 측면에서 우리는 고전적 척도는 잃었지만 지금까지 우리를 둘러싼 배경으로만 생각했던 시간과 공간을 주체의 중요한 구성 부분으로 되찾게 되었다. 그것은 관찰자의 중요성과 함께 우리 자신의 정체성을 새롭게 구축해 갈 수 있는 중요한 기틀이 되었다.

아인슈타인은 물리학의 공간개념을 세 가지 범주로 요약하였다. 그것은 장소로서의 아리스토텔레스의 공간개념, 그리고 모든 물질의 대상인 용기(容器, container)로서의 공간개념, 또 4차원적 장(場)으로서의 공간개념이다.[138] 이러한 세 가지의 공간개념은 역사적으로 서로 계승되어 동시에 존재해 오고 있다. 예를 들어, 장으로서의 공간개념은 미학, 실존주의, 일반 철학, 그리고 건축의 여러 관점에서 부활되어 오고 있다. 이제 장소는 건축 디자인에 관련된 종류의 공간이라는 것, 그리고 장소가 건축가가 통일된 예술 작품으로서 취급할 수 있는 최대의 공간이라는 점이 분명하게 되었다.[139] 어쨌든 건축은 모든 시대에서 이들 세 가지 공간개념, 즉 장소와 3차원 좌표공간 그리고 4차원 시공간의 연속체로서의 동시적 시각표상이라고 볼 수 있다. 그러나 이 마지막 부분의 시공간에 대한 개념은 건축 미학에서는 오히려 특이한 방법으로 설명되고 있다. 건축 미학에서 시간은 건축 대상의 미학적 체험의 지속과 관련된 매개변수이다. 이 체험의 지속은 관찰자의 신체의 움직임과 관련되며, 관찰 대상의 주위나 내부에서 다양하며 연속적 관찰자의 위치를 갖는다. 어떠한 경우에도 미학적 실재 그 자체는 3차원의 실재 그대로이다. 그러나 관찰되는 대상의 의도된 표현은 이 하나의 공간개념에 제한되어 있지는 않는다. 그러기에 장소와 시공간의 연속체라는 두 가지의 서로 다른 개념들은 시간의 변화하는 예술의지에 좌우될 수밖에 없게 된다.[140]

여기서 다시 주목할 것이 있다. 그것은 우리가 관찰하는 외적 세계의 물리적 성질은 우리가 세상을 지각하는 방식과 밀접하게 연결된다는 사실이다. 상대성 이론과 양자이론이 그렇다. 상대성 이론이 수백 년간 서구의 과학을 지배해 오던 기계론적 구조를 뒤흔들어 놓은 것이라면, 양자이론은 이 성곽이 서 있는 지반을 없애버렸다.

사실 양자(量子 quantum)란 모든 움직임이나 그들의 상호작용이 이루어지는 종국적 단

---

138) 1953년 아인슈타인은 야머의 책([공간 개념, Concept of Space]) 머리말에 "이제 공간개념은 심리적으로 더 단순한 장소의 개념을 전제한 것으로 보인다. 장소란 우선 이름으로 구별 가능한 지구상의 작은 부분이다. ... 물질 대상의 일종의 질서 이상은 아무것도 아니다."라고 썼다. 여기에서 우리는 장소와 건축과 공간의 상호관계에 대한 개념을 알 수 있는 중요한 실마리를 얻을 수 있다.

139) Peter Collins, 앞의 책, p.318.

140) Cornelis van de Ven, 앞의 책, p.68.

위로서 더 이상 쪼개어지지 않는 것이다. 양자이론은 물질의 거동에 대하여 완전히 새로운 방식으로 생각하게 한다. 양자이론의 발전으로 알려진 놀라운 사실은 모든 물질의 근본인 원자를 구성하는 이른바 아원자(亞原子, subatom)들은 파동성과 입자성을 동시에 지닌다는 점이다. 이렇게 양자역학에서는 대상을 있는 그대로, 다시 말해서, 인간의 경험과 동떨어진 하나의 객관적 현실로 관찰하는 일이 불가능하다는 사실이다. 더욱이 물질적 존재는 본질적으로 입자나 파동이든 상관없이 더 이상 쪼갤 수 없는 양자들이 그물처럼 얽혀 있어서, 이들은 서로 끊임없는 상호작용을 하고 있다. 이러한 상호작용들은 공간상으로 근접한 양자 사이에 서만 일어나지 않는다. 아주 멀리 떨어져 있는 양자에서도 모두 가능하다. 따라서 양자의 활동은, 입자든 파동으로든 상관없이, 멀리 떨어져 있는 양자에게 바로 이어질 수 있다. 물론 이러한 특성은 모두 아주 정밀한 관측시설을 갖추어야만 관찰할 수 있다. 또 양자역학을 통해 자연에서 발견한 또 하나의 놀라운 것은 상호연결이 공간적 접촉에서만 이루어지지 않는다는 사실이다. 이것은 삼라만상의 모든 요소는 항상 움직이고 서로 부딪치며 작용하는 가운데 끊임없이 관계 맺고 있음을 말한다. 그래서 이 세상은 서로 독립적으로 존재하는 조각들로 나누어질 수 없다. 또한 양자역학에서는 이 세상을 관찰하는 자와 그가 관찰하는 이 세상, 이런 식의 분리가 원칙적으로 허용되지 않는다.

또 양자 물리학의 근본 개념 중 하나인 불확실성 원리 역시 공간개념에 영향을 주었다. 고전물리학에서는 관찰대상을 관찰자와 분리하여 생각하였다. 그러나 양자물리학에서는 인간이라는 관찰자가 객관적으로 존재하는 특정입자의 현상에 대하여 서술하는 일이 불가능하다. 또 일상생활과 같은 거시세계와는 달리 미시세계에서는 한 입자의 위치와 운동량을 동시에 산출할 수 없다. 위치와 운동량 가운데 어느 하나를 정확히 알면 다른 하나는 전혀 모르게 된다. 이것이 베르너 하이젠베르크(Werner Heisenberg 1901-1976)가 주장한 '불확실성 원리' 이다. 입자의 운동량과 위치 중에서 어느 한쪽만 알 수 있는 것이 물질의 본성이므로, 관찰자는 이 두 가지 속성들에서 하나를 선택하여야 한다. 이는 관찰자가 스스로 관찰대상의 속성을 함께 한다는 뜻이다.

이렇게 양자역학에서는 대상을 있는 그대로, 다시 말해서, 인간의 경험과 동떨어진 하나의 객관적 현실로 관찰하는 일이 불가능하다는 사실이 드러난다. 더욱이 물질의 존재는 본질적으로 입자나 파동이든 상관없이 더 이상 쪼개질 수 없는 양자들이 그물처럼 얽혀 있어서, 이들 간에는 끊임없는 상호작용을 하고 있다. 이러한 상호작용은 공간상으로 근접한 양자 사이에서만 일어나지 않는다. 아주 멀리 떨어져 있는 양자에도 모두 가능하다. 그러기에 양자의 활동은, 입자든 파동이든 상관없이 멀리 떨어져 있는 양자에게 바로 이어질 수 있다. 물론 이러한 특성은 모두 극도의 정밀한 관측시설을 갖추어야만 관찰될 수 있다.

양자역학 덕분에 우리는 사물의 본성에 관한 세 가지 측면을 이해하게 되었다. 그것은 입자성, 비결정성, 관계성이다. 그것은 첫째, 자연에는 근본적으로 '입자성'이 존재하고, 둘째, 자연의 심장부에 기본적 ' 비결정성 '이 도입되며, 셋째, 실재는 ' 관계적 '이라는 것이다. 양자론은 사물을 '있는' 그대로 기술하지 않는다. 그것은 사물들이 어떻게 '나타나게 되는지' 그리고 어떻게 '서로 영향을 주는지' 를 기술한다. 그것은 입자가 어디에 있는지 기술하지 않고 입자가 어떻게 '다른 것에게 자신을 드러내는지' 를 기술한다. 존재하는 사물들의 세계는 가능한 상호작용의 세계로 환원된다. 실재가 관계로 환원되는 것이다.[141] 이렇게 양자역학은 뉴턴은 물론 아인슈타인의 우주관을 철저히 붕괴시켰다. 양자역학에 의하면 우리는 사소한 입자 하나의 속도조차도 정확하게 결정할 수 없다. 뿐만 아니라 입자 하나를 관측했을 때 얻어질 실험결과를 정확하게 예측할 수도 없다. 이것이 바로 양자역학이 알려준 우리의 한계이다.

양자역학의 기이함은 여기서 끝나지 않는다. 뉴턴과 아인슈타인의 이론은 시간과 공간에 대하여 다른 주장을 하고 있으나, 기본적 사실들은 똑같이 인정하고 있다. 공간은 하나의 물체를 다른 물체와 분리시켜 서로를 구별해 주는 일종의 매개체라는 것이다. 지금까지 우리가 생각해 왔던 공간은 이런 것이었다. 물리학자들은 공간의 이러한 성질을 '국소성(locality)' 이라는 용어로 표현한다. 분명 우리의 경험에서 공간은 국소성을 갖고 있다. 그러나 물리학자들은 지난 수십 년간 일련의 실험 후에, 우리가 한 장소에서 실행한 어떤 행위가 아무런 신호전달과정 없이 멀리 떨어져 있는 다른 장소에서 이루어지는 행위, 예를 들면 한 입자의 특성을 관찰하는 행위나 다른 입자의 특성을 측정하는 행위들에 영향을 준다는 사실을 알게 되었다. 이렇게 이론과 실험을 통해 사실로 입증된 이 현상은 우주공간이 국소적이지 않다는 것을, 다시 말해서 '비국소성(un-locality)' 을 강하게

---

141) Carlo Rovelli, 앞의 책, pp.131-137.

그림 19. 수화(樹話) 김환기(金煥基, 1913-1974), 어디서 무엇이 되어 다시 만나랴(1970) : 공간의 비국소성을 상상하게 된다.

시사하고 있다.[142] 그러나 상대성이론과 양자이론은 서로 완전히 배타적 관점을 표방하고 있다. 이렇게 현대물리학에서 절대적으로 중요한 두 개의 이론이 그 나름대로 훌륭함에도 함께 양립할 수 없는 모순관계에 처하게 된다. 이 두 가지 이론에서 일치하는 점 하

142) "우주는 국소적이다"라는 말과 "이곳에서 행해진 어떤 행위가 멀리 떨어진 곳에 영향을 줄 수 있다"는 말의 의미를 다시 한 번 짚고 넘어가기로 한다. 이 말은 "멀리 떨어져 있는 대상에게 어떤 영향을 즉각적으로 행사할 수 있다"는 뜻이 아니라, "한 곳에서 실행된 관측행위는 다른 곳에서 실행된 관측결과에 영향을 준다"는 뜻이다. 이 영향은 가장 빠르다는 빛보다도 더 빠른 속도로 전달된다. 다시 말해서, 지금 어떤 신호가 빛보다 빠르게 전달될 수 있다고 주장하는 것이 아니라, 공간이 국소적 특성을 갖고 있지 않다는 것을 말하고 있는 것이다.

나 있다면, 그것은 우주가 원칙적으로 어디에도 어긋남 없이 모두 하나로 이어지는 육체와 정신을 통일적으로 보는 옴살스런(holistic) 전체라는 관점이다. 이는 2300여 년 전 고대 그리스의 테오프라스토스가 우주(공간)를 하나의 유기체로 본 주장과 같다. 그것은 또 모든 존재들은 심지어 추상적인 것까지도 서로 연결되어 영향을 주고받는다는 화이트헤드(Alfred North Whitehead, 1861-1947)의 유기체철학과도 맥을 같이한다.(그림 19.)

물론 상대성이론과 양자이론은 우주를 전혀 다른 방식으로 바라보지만, 우주 전체를 하나의 옴살스런 덩어리로 파악하는 점은 똑같다. 우주가 전체적으로 하나의 옴살스런 덩어리라는 점에 두 이론이 모두 합치한다면, 바로 이 사실은 새로운 출발점이 되기에 적합할 것이다. 그렇다면 상대성이론과 양자이론을 통합하여 드러나는, 전체적으로 어디에도 틈과 어긋남이 없는 하나로 이어지는, 옴살스런 덩어리로서 우주 안에 존재하는 새로운 질서란 어떤 것 일가를 묻게 된다. 이는 엄연히 기계론식의 우주질서와는 전혀 다른 모습일 것이고, 고대 그리스에서 상상했던 완전성을 추구하는 하나의 유기체와 같은 질서일까.

카프라(Fritjof Capra, 1939-)가 제시한 새로운 질서의 세계상 역시 옴살스럽고 생태적이다. 보옴(David Bohm, 1917-1992)은 이러한 질서를 옴살스런 질서라 말하면서 온그림(hologram)을 설명하였다.[143] 이 온그림의 특징은 거기서 제작되는 영상의 모든 부분에 전체에 대한 정보가 '접혀' 있다. 이는 바로 현대물리학, 즉 상대성이론과 양자이론의 통합으로 새로운 우주질서와 세계관에 합치시켜 점검할 때 우리는 세상을 바르게 판단할 수 있음을 말한다.

---

143) 김재희 엮음, 신과학 산책, 김영사, 1994. : 편자 김재희는 그리스어 holos(온, 모든)에서 유래한 holistic, holism, wholness 등에 대응하는 적당한 말로 '옴살'이라는 순수 우리말이 있다는 서강대의 김영덕 선생의 제안으로 '옴살스런'을 썼다. 온그림의 어원을 따져보면 원래 희랍에서 전래된 'holos(온, 모두)'라는 낱말과 'graphen(글쓰다, 그려넣다)'이라는 낱말에서 나온 것으로 '모두 그린다'는 뜻이다.

2. 건축공간 개념의 전개

19세기 말까지 건축이론가들은 고전 원주에 초점을 맞춘 건축의 실체 연구에 전념하면서 양식의 문제와 씨름하였다. 당시의 논쟁은 건축에서 외관과 본질 사이의 대립을 더욱 악화시켰다. 그런 상황에서 공간개념이 널리 받아들여지면서 건축가들과 이론가들은 양식의 물질적 취급에서 벗어날 수 있었다. 공간개념은 비물질적 의미를 일깨워주어서 결국 절충주의를 소멸시켰다. 건축의 문제를 재료와 구조에 대해서 기술적으로 접근한 네덜란드의 건축가 베를라헤(Hendrick Petrus Berlage, 1856-1934)는 [건축예술의 근본과 발전(Grundlagen und Entwicklung der Architektur, 1908)]에서 양식과 공간을 동일시하면서 근대건축운동의 새로운 전환을 마련하였다. 이런 기능주의 해석자들은 미학적 공간개념에 우위를 두었던 힐데브란트와 리글 학파는 물론 뵐플린 학파까지도 신랄하게 비난하였다.[144)]

이렇게 대립되는 두 경향은 미에 대한 19세기의 논쟁에 뿌리를 두고 있었다. 기능을 우선하는 뒤랑, 젬퍼, 슈마르조브, 그리고 베를라헤는 미를 기능의 표현으로 생각하였다. 이러한 즉물주의(卽物主義, Sachlichkeit)적 태도를 가진 20세기 초의 근대주의자들은 공간을 3차원에서 인간의 기능적 활동을 논리적으로 구체화하면서 미를 공간과 동일시하였다. 한편, 강한 반대이론이 공간을 문화적 예술의지의 결과로 인식하는 리글 학파로부터 나타났다. 공간을 예술적 인식으로 보고 있는 이러한 경향은 입체파, 데 스틸, 그리고 러시아의 지고주의와 구축주의 같은 순수 예술운동에서 결실을 맺게 되었다. 이렇게 배타적으로 분리된 예술과 기능을 융합시킨 것은 그로피우스의 공헌이었다. 초기의 미학적이며 기능적 공간개념은 20세기 전반부를 기능적 방향으로 발전시켰다. 결국 1930년 이후 신즉물주의가 국제주의 건축의 얼굴이 되었다. 공간예술의 건축은 이 때까지 외관을 문제 삼았던 굴레에서 벗어나 공간 예술로서의 건축이 자리를 잡아가게 되었다.

---

144) Hendrik Petrus Berlage, Über Architektur und Stil: Aufsätze und Vorträge, 1894-1928 ; 김영철, 우영선, 김명식 역, 건축예술과 양식, 아카넷, 2021, pp.155-272.

영국의 평론가 제프리 스코트(Geoffrey Scott, 1885-1929)도 [휴머니즘의 건축(The Architecture of Humanism, 1914)]에서 건축이 공간 형성에 관한 예술임을 논증하였다. 그는 뵐플린과 립스로부터 감정이입 이론을 도출하여 고전주의 장점을 설명했다. 그의 공간은 단순히 물체의 소극적 성질이 아니라 우리의 정신을 지배할 수 있는 것이었다. 예를 들면, 그는 교회 내부에서 제단을 향해 서 있을 때 앞으로 빨려들듯 발걸음이 움직이는 것은 공간의 성격이 그렇게 요구하고 있기 때문이라 하였다. 이런 맥락에서 공간가치는 대단한 중요성을 지니게 되었다. 이러한 공간의 강조는 1900년 전후 독일에서 슈마르조브와 리글 그리고 뵐프린의 첫 세대의 뒤를 이어 다음 세대의 브링크만과 프랑클이 개척한 건축사학의 기초였다.

한편 독일의 철학자 헤르만 코헨(Hermann Cohen, 1842-1918)은 [순수 감정의 예술(Ästhetik des reinen Gefühls, 1912)]에서 공간예술이란 공간을 조형하는 예술로 특히 건축에 해당된다고 주장하였다. 그는 무한공간과 한계공간의 연속에서 건축 창조의 본질을 보았다. 이러한 공간예술로의 건축적 경향은 슈펭글러에게서 더욱 강조되었다. 그의 저서 [서구의 몰락(Der Untergang des Abendlandes, 1918) : 박광순 역, 범우사, 1995]은 20세기 초 공간개념에 크게 영향을 준 것 중 하나이다. 슈펭글러는 공간이 모든 실체를 경험하는 기초가 된다는 선험적 직관이라는 칸트의 개념을 수용했지만, 이러한 개념을 정적 개념에서 동적이며 파우스트적으로 변환시켰다. 그에 따르면 공간은 생명 그 자체의 가장 기본적이며 힘찬 상징의 표현으로서, 공간개념은 인간적 표현의 주제가 된다. 그것은 객관적 과학에서 주관적 예술 영역으로 발전되어 왔다. 중요한 것은 공간개념이 예술적 표현의 핵심이 된다고 느끼는 점이다. 이런 신념은 리글이 공간을 인간 영혼의 내적 의지라고 느꼈던 것과 같이 파우스트적 영혼의 공간경험을 표현하였다. 그것은 공간이 조형적 형태를 정복했음을 의미한다. 당시 스펭글러의 영향은 무척 커서 표현주의 건축가들은 물론 기디온에게도 크게 영향을 주었다.[145)]

독일어권 2세대의 건축공간의 건축공간

브링크만, 프랑클, 죄르겔은 제 2세대의 대표적 인물들이다. 이들은 모두 근대운동이 발

---

145) Peter Collins, 앞의 책, p.321. : 콜린스는 슈펭글러가 기디온에게 미친 영향을 강조한다.

전되기 시작했던 1901-1910년 이후 즉 1911-1920년에 그들의 고전적 이론서들을 저술했다. 때는 전위적 화가와 시인 그리고 건축가들이 공간미학에 관심이 집중된 후였다. 때문에 당대의 미학자들과 전위적 예술가들 사이에 어떤 정신적 유대가 있었다고 추정할 수 있다. 그럼에도 양자의 자기중심적 관심으로 서로를 더 멀리 하였다. 어찌 보면 프랑클과 죄르겔의 공간미학 이후, 독일건축이론은 쇠퇴기로 접어든 것처럼 보이기도 한다.

브링크만(Albert Erich Brinckmann, 1881-1958)은 슈마르조브에서 공간감각(Raumgefühl) 개념을 빌려왔고 리글에서는 모든 건축양식 시기가 공간에 대한 특정 문화개념에서 발전되었다는 생각을 도입하였다. 브링크만은 공간의 두 개념을 양극화하여 조각과 건축을 명확하게 구분하였다. 조각은 공간 안에 위치하면서 표면을 창조하는 반면, 건축은 공간 주변의 표면들로 형성되는 예술이라 하였다. 건축형태의 외부 표현은 형태에 내포된 공간의 내부 분위기를 표현하는 부산물이었다.

브링크만은 훌륭한 건축에서는 내부와 외부의 공간조직의 통합에 의해서 표현되고 있다 하였다. 그는 선배 사상가들의 공간에 대한 장점을 잘 결합했으며, [광장과 기념물(Platz und Monument, 1908)]에서 처음으로 도시 외부에 공간개념을 적용하였다. 그에게 큰 영향을 준 사람은 최초로 도시를 예술작품으로서 기술한 스승 지테였다. 브링크만은 뵐플린의 이론에서 얻은 운동의 개념을 더 풍부히 하였다. 그는 인본주의 건축개념을 지닌 스코트의 영향도 크게 받았다. 특히 공간 속에서 사람은 건축의 형태에 의해 자극되어 움직인다는 그의 인간적 운동 개념은 대부분 브링크만의 저술에 의해서 널리 퍼지게 되었다. 그는 또 슈마르조브의 이론에서 공간감각(Raumgefühl)의 개념을 그리고 리글의 이론에서는 모든 양식이 특정한 공간개념으로부터 발전된다는 생각을 도입했다.[146]

---

146) 이러한 바탕에서 브링크만은 '로마 권역의 17, 18세기의 건축예술(Der Baukunst des 17. und 18. Jahrhunderts in der romanischen Ländern, 1919)'에서 건축을 공간과 형태의 통일체로서 정의했다. 이러한 두 가지 양상의 상호작용은 과거는 물론 현재의 건축을 논하는 표준이 되었다. 그는 '예술형태의 근본형식으로서의 조소와 공간(Plastik und Raum als Grundformen künstlerischer Gestaltung, 1922)'에서 공간과 조소라는 두 개의 기본형식을 건축사의 주요 테마로 보고, 시대에 따라 어떻게 상호 관련되었는지를 고찰하였다. 그 후 브링크만은 '건축예술, 건축작품의 미적 가치(Baukunst : die künstlerischen Werte im Werk des Architekten, 1956)'에서 공간과 조소를 공간체와 조소체로 대비시켰다. 여기서 그는 조소의 대극으로서의 공간이 그 대극으로서의 물체와 결합하여 공간 물체라는 개념을 구성하였다. 브링크만은 건축에서 조소와 공간은 어느 시대에도 살아 있었으며, 양자는 상호의존관계에 있다고 하였다. 다시 말해서 서로 다른 공간이념이 서로 다른 형태를 낳고, 반대로 각기 다른 형태로부터 다른 공간이 체험된다는 것이다. 이러한 그의 관점은 건축은 공간과 조소가 뚜렷하게 분화되면서도 하나로 통합되는 것을 말한다.

본질적으로 브링크만은 3가지 공간개념을 추출해냈다. 첫째는 공간으로 둘러싸여 홀로 서 있는 조각적 형태, 둘째는 형태로 둘러싸인 공간, 셋째는 바로크와 로코코 건축 내부에 존재하는 것과 같은 형태와 공간이 상호작용으로 절정을 이룬 것이었다. 그 후 건축가이며 이론가인 슈마허(F. Schumacher, 1869-1947)도 같은 생각이었다. 그러나 무엇보다도 브링크만은 20세기 건축서적 중 베스트셀러였던 지그프리드 기디온(Sigfried Giedion, 1888-1968)의 [공간, 시간, 건축(Space, Time and Architecture, 1941 ; 최창규역, 시간, 공간, 건축, 산업도서, 1975)]에 영향을 주었다.

공간개념은 건축가이며 이론가인 죄르겔(Hermann Sörgel, 1885-1952)의 [건축미학 개론(Einführung in die Architektur-Ästhetik, 1918) 吉岡健二郎 譯 中央公論美術出版 平成15]에서 마침내 체계화되었다. 그의 문화 접근방법은 헤겔파 철학이었다. 그는 문화를 철학, 종교, 예술로 분류하고 이를 정신, 영혼, 감각이라는 세 가지 매체와 연관시켰다. 이들 세 가지 매체는 건축의 본질인 공간을 이끌어내고 있다. 죄르겔에게 모든 건축형태는 의식적 공간개념의 필수적 표현이었다. 그는 건축은 언제든지 예술적으로 공간창조에 관계하며, 또 공간관념(räumliche Vorstellung)으로부터 형성된다고 하였다. 그는 힐데브란트가 공간을 구분한 실제적 공간(Daseinsraum)과 지각적 공간(Erscheinungsraum)의 두 가지에 효과적 공간(Wirkungsraum)을 추가시켰다. 이 세 번째는 관찰자에 의해 감지되는 공간관념과 마찬가지로 건축가가 강조하는 공간관념을 나타내고 있다.

죄르겔은 슈마르조브의 주장처럼 모든 건축 형태는 의식적으로 공간 개념을 표현해야 한다고 하였다. 그는 "건축은 언제 어디서든 예술적 공간창조에 관계하며, 건축은 공간개념에서 발생 된다"라고 말했다. 그는 세 가지 시각예술을 이론적으로 구분하였다. 그는 또 회화는 2차원 이미지를 대상으로 삼는 평면적 예술이며, 조각은 3차원의 볼록한 형태를 갖는 물질적 예술이고, 건축은 3차원의 오목한 공간을 다루는 공간예술이라고 믿었다. 이러한 분류에서, 그의 완전한 삼위일체인 평면, 형태, 공간이라는 세 가지 요소를 만들었다. 이는 훗날 바우하우스 교육체계에서 중요한 구실을 하게 되었다. 이렇게 죄르겔은 또한 슈마르조브의 주장인 '공간은 건축의 본질' 이라는 말을 되풀이하고 있다. 그는 건축이 물질적 형태의 예술 'Kunst köperlicher Massen' 이라는 뵐플린의 개념에는 반대하였다.[147)]

이러한 공간에 대한 부정이나 형태에 대한 부정에 대하여 올바른 해결책은 두 양상 사이의 균형에서 모색되었다. 이런 태도는 공간과 조형의 통일이라는 유물론적 이론에서 발전되었다. 그 개념은 1889년 지테로부터 쉬마르조브, 브링크만, 죄르겔, 후에 기디온에 이르기까지의 그들의 중심사상에서 더듬어 볼 수 있다.

죄르겔에게 건축은 기존 형태를 공제해가거나 형태 일부를 제거하면서 만들어지는 조각과는 본질적으로 다른 구축(tectonic) 예술이었다. 건축은 부가해나가는 것이고 기존 공간 주변의 요소들을 결합하는 것이었다.[148] 이렇게 감정이입의 지각적 메커니즘에 따라 공간의 반대개념이라 할 수 있는 형태가 똑같은 중요성을 지닌다는 인식은 공간개념의 적극적 확장이라 할 수 있다. 이러한 죄르겔의 건축미학은 내 · 외부 공간의 오목면이라는 건축선언에서 절정을 이룬다. 그는 지테에 의해 활성화되었던 오목면과 볼록면의 이중개념을 해결하고자 했다. 그는 진정한 건축 창조는 입방체가 아닌 공간을 파낸 오목면체에 공간을 만드는 것이라 하였다. 이러한 죄르겔의 공간개념은 심적 지각 내용, 오성적 지각 내용, 시각적 지각 내용이 포함되어서 이것들이 종합적으로 파악되고 있다.

한편, 프랑클(Paul Frankl,1878-1962)은 공간을 시각형태로 환원시켰다. 그는 [신건축의 발전단계(Die Entwicklungsphasen der neueren Baukunst, 1914) : 김광형 역, 건축형태의 원리, 기문당, 1989]에서 시각상(像)과 물체, 그리고 공간과 목적을 건축의 4요소라 하였다. 프랑클에게 이 4요소는 모든 건축체험의 필연적 구성요소이며, 또한 다양한 건축 작품을

---

147) 죄르겔은 건축이 물질적 형태의 예술이라 하는 뵐플린의 개념에 반대한다. 그에게 건축은 본질적으로 구축적 예술이었다. 이러한 죄르겔의 건축미학은 내 · 외부 공간의 오목면이라는 건축선언에서 절정을 이룬다. 그는 지테에 의해 활성화되었던 오목면과 볼록면의 이중개념을 해결하고자 했다. 그는 진정한 건축 창조는 입방체가 아닌 공간을 파낸 오목면체에 존재한다고 했다. 이러한 죄르겔의 공간개념은 심적, 오성적, 시각적 지각 내용을 포함하여, 이를 다각적 종합적으로 파악하고 있다.

148) 이러한 견해는 더욱 독단적으로 보인다. 두 가지 진행과정이 조각과 건축 두 예술에서 모두 나타나기 때문이다. 이 관점은 또한 젬퍼의 조적적(stereotonic) 공간 형태와도 충돌한다. 죄르겔은 건축을 본질적으로 구축적인 것으로 생각하였다. 왜냐하면 건축은 최종적으로 형태를 공제한 비워진 공간(hollowed out space)처럼 보이지만, 대지 위에서 부재들을 조립하여 세워지기 때문이다. 구축과 조적의 이론적 차이는 역학과 구조기술과 관련하여 공간형태를 살펴보고자 했던 젬퍼의 의도에서 나타났다. 죄르겔의 부가와 공제라는 한 쌍의 현상은, 예술가가 형태를 더하는 공간뿐만 아니라 공간에서 비워내는 형태로 제작을 시작하는 원재료(raw material)의 추상의 과정으로 보아야 한다. 이러한 과정은 가장 기묘한 건축현상인 접합부에서 볼 수 있다. 젬퍼는 접합부가 만들어내는 위대한 예술적 힘을 지적한 바 있다. 그는 〈서론〉에서 건축부재를 결합할 때 필요한 접합부를 제거하지 말고, 그 대신 접합부의 장점을 이용하도록 제안하였다. 접합부가 장식의 시작임을 강조한 루이스 칸에게도 마찬가지로 중요하였다. 죄르겔은 '공간예술로서 건축의 본질'이라는 장에서 다음과 같이 말하고 있다. "엄밀하게 말하면, 진정한 건축창조는 물질적 육면체 형태가 아닌, 공간을 파낸 오목한 볼륨에 존재한다."

구별할 수 있는 최상의 개념이었다. 이러한 정의에서 보면 프랑클 이야말로 공간적 실체에 대한 최초의 진정한 형태학자라 할 수 있다.149) 그러나 그는 공간개념을 매우 중요하게 생각하였지만 건축예술의 유일한 목적으로는 보지 않는다. 그의 공간개념은 시각 이미지에 종속되거나 유추되는 것이다. 그는 또 건축은 인간과 인간 행동의 요구사항을 충족시키고 있는 건축공간의 상호작용에서 찾아봐야 함을 강조한다. 그렇게 보면 프랑클은 건축 전체를 4요소로 분해한 것이 아니라, 그의 건축공간 개념은 애초부터 다각적 종합적으로 파악될 수 있는 것이라고 할 수 있다.150)

이러한 논쟁 과정에서 시간의 인식은 공간과 형태의 통합의 길을 더욱 넓혀 나갔다. 사실 시간은 아인슈타인의 상대적 공간의 4차원개념에서 핵심이다. 그러나 이 시·공간의 개념은 1893년 초에 힐데브란트의 동적 시각에서 이미 표현되었고, 4차원은 1912년에 입체파에 의해 시도되어졌다. 데오 반 되스버그(Theo van Doesburg, 1883-1931) 역시 아인슈타인이 공간의 상대성에 관한 이론을 구체화했던 같은 해 1916년에 그의 시·공간의 미학의 논문 [근대 조형예술의 미학적 요소(Het Aesthetisch Beginsel der Moderne Beeldene Kunst)]을 발표하였다. 그러나 이런 문화적 얽힘은 건축이 공간의 미학적 해석을 만들었다는 입장을 굳히게 하였다.

그렇더라도 물리학은 그 자체의 전제에서 과학적 해석을 전진시켰다. 아무튼 우리들은 이제 물리학자의 명료한 시각 덕분에 서로 얽혀진 예술가들의 주장을 분별할 수 있게 되었다. 이 때부터 시간·공간의 관계는 다음 세대 이론가들의 중요한 철학적 쟁점이 된 것이다. 이런 시간·공간의 관계는 주커를 중심으로 건축 이론가들에 의해 최초로 명백하게 표명되었다.

독일어권 3세대의 건축공간의 건축공간

주커(Paul Zucker, 1888-1971)는 [건축미학(Architektur Ästhetik, 1919)]에서 건축은 분명 공간 예술이지만 동시에 형태예술임을 인정하였다. 그는 죄르겔이 건축미학에서 빠뜨렸던 시간

---

149) Cornelis van de Ven, 앞의 책, p.156.
150) 上松佑二, 建築空間論, 早稲田大學, 1997 ; 이두열 역, 건축공간의 미학, 현대건축사, 2000, p.43.

과 공간의 결합을 당시에 처음 언급하였다. 그 때부터 시간과 공간의 관계는 제3세대 이론가들의 주요 철학적 쟁점이 되었다. 미래파가 당시 발견한 시간 공간 개념은 영속성이 공개개념 자체보다 건축의 본성을 더 잘 드러내 주었다. 그러나 공간개념이 건축의 가장 중요한 특징으로 여겨지면서도 미래파는 입체파와 다르게 생각하였다. 하나의 물체를 분석하여 여러 측면을 동시에 표현하여 공간의 본질을 추구하는 입체파와, 주어진 환경에서 동시에 발생하는 모든 사물을 표현하여서 움지임과 시간의 본질을 추구하는 미래파는 달랐다. 그럼에도 주커는 연속성이 공간개념 자체보다 건축의 본성을 더 잘 드러내게 해줌을 확신시켜 주었다.[151)]

무엇보다 주커는 시간과 공간개념을 결합시켰다. 그것은 죄르겔의 건축미학에서 큰 실수를 범했던 것이었다. 그러나 시공개념은 1919-20년대에 주커 중심의 3세대 건축이론가들에 의해 처음으로 분명하게 표명되었다. 어쨌든 슈마르조브의 논제인 공간개념이나 뵐플린의 형태의 개념 그리고 브링크만의 논제인 공간과 형태의 결합 개념은 모두 시간개념을 설명하지 못하기에 주커는 이를 논증하려 한 것이었다.

그러나 브링크만과 죄르겔의 저서들 그리고 특히 슈펭글러의 [서구의 몰락]이 성공적으로 출판된 이후 공간개념은 독일에서 일반적 주제가 되었다. 이러한 공간개념은 1923년 바우하우스 교과과정의 기본 구성요소로서 확고한 자리를 잡게 되었다. 그것은 그로피우스와 모홀리-나기의 공헌이었다. 그들에 의해 공간과학으로서의 건축개념은 절정에 이르렀다. 그로피우스는 죄르겔처럼 세 가지 인간의 속성인 영혼, 정신, 감각의 통합에 의해서만이 공간적 실재를 경험하기에, 예술가들은 이 세 가지 속성의 종합에 의해서 공간을 창조해야 한다고 가르쳤다. 그 후 그로피우스는 인식적 공간 속에 모두 포함되어져야 할 것이라고 하였다. 그는 [총체적 건축의 전망(Scope of the Total Architecture, 1943) ; 최준식 역, 생활공간의 창조, 한국이공학회, 1919]에서 "감각은 자신으로부터 비롯된 것이지, 자신이 보는 대상물로부터 나오지 않는다"고 서술하면서 현상세계에서의 인간 경험

---

151) Cornelis van de Ven, 앞의 책, pp.170-171. 주커는 3차원의 것을 미적 상관개념으로 해명할 수 있는 기초를 찾아내야만 한다고 했다. 그는 '연속성과 비연속성, 건축과 조소의 경계(Kontinuität und Diskontinuität, Grenzprobleme der Architektur und Plastik, 1921)'에서 연속성이 공간관념보다 건축의 본질을 더 잘 나타낸다는 확신을 가졌다. 이와 같은 기초개념은 후에 [건축에서 시간의 개념(Der Begriff der Zeit in der Architektur, 1924)]에서 구체화되어 공간과 형태의 분리에서 태어나며, 동시에 그 극복이 의도되고 있다.

에 대한 새로운 견해를 피력하였다. 그는 유한의 실체 속에서 공간을 해체하여 인간의 무한공간에 대한 이해를 다시 한 번 되풀이하였다. 모홀리-나기 역시 다양한 공간개념을 구체화하는 데 열중하였다. 그의 [물질에서 건축으로(Von Material zu Architektur, 1928 ; The New Vison, 1928 fourth revised edition 1947)]라는 논문은 매우 영향력 있는 저작물로서 기디온의 [공간, 시간, 건축]에 많은 영향을 주었다.152) 그로피우스와 모홀리-나기는 독일을 떠나 제각기 미국의 다른 교육기관에 종사하게 되었을 때에도 초기의 개념을 그대로 옮겼다. 그 결과 바우하우스 시대의 공간개념도 전 세계에 증식되게 되었다.

그러나 이러한 시간 개념에 대해서 다른 생각을 가지고 있는 사람이 있었다. 그가 아들러(Leo Adler, 1891-1962)이다. 그는 [건축예술의 본질에 관하여(Vom Wesen der Baukunst, 1926)]에서 3차원을 초월한 모든 것은 단지 추상수학에만 속하는 비현실적 허구라 하였다. 사실 당시 전위적 화가나 건축가들에게 4차원에 관한 진보적 개념은 전통적 미학자들이 이해하기에는 어려웠다. 그는 [순수학문과 응용학문으로서의 건축예술 이론(Theorie der Baukunst als reine und angewandte Wissenschaft, 1926)]에서 당시 미술대학 교수들과 창조적 예술가 사이에는 다리를 놓을 수 없는 큰 간격이 벌어져 있음을 확실하게 알려 주었다. 이렇게 아들러는 물질성이냐, 공간성이냐의 양자택일은 근거가 없고, 또 양자의 관계를 단지 타협으로 이해하는 것도 허용되지 않는다고 지적하였다.

사실 1920년대의 제3세대 이론가들에 의해 만들어진 공간미학은 당시의 전위 건축가들의 종합예술이라는 이상과는 아주 대조적이었다. 칸트 시대 이후 아카데믹한 미학 전통으로 예술사가들은 특히 새로운 시공간개념으로 기존의 경계들을 무너뜨리고 있었다. 때문에 순수예술간의 올바른 경계의 정의를 내리는 와중에 휩쓸리게 되었다. 그것은 예술가와 예술이론가들 사이를 이어주는 다리에 금을 가게 만들었고, 일반 예술교육에도

---

152) 모홀리-나기는 특히 시공간 개념과 4차원이라는 새로운 주제를 분석하는데 전념하였다. 그에게 건축이란 어휘는 제거되고 공간이라는 표제로 대신 되었다. 리글의 명제가 다시 근대 기능주의운동의 창조적 예술가에 의해 재인식되었다. 특히 모홀리-나기는 공간을 물체가 놓인 위치 사이의 관계로 보았다. 이 명제는 공간이 인간의 시각, 촉각, 청각, 후각, 인체의 운동과 같은 모든 감각의 종합에 의해서만 경험될 수 있음을 설명하였다. 그는 당시 물리학에서 발견된 '물질은 에너지와 같다'는 사실에서 건축에서도 형태를 강조하는 대신에 공간을 통한 힘의 장(場)을 강조하였다. 그의 명제는 제2차 세계대전 후에 발표된 유명한 저서 [운동 속의 시각 – Vision in Motion, 1947]에서 약간 수정되었을 뿐 다시 반복되고 있다. 여기서도 4차원과 관련된 문제들에 완전히 초점이 맞추어져 있으며, 건축이라는 표제가 더욱 진보적 공간과 시간의 문제로 수정되어 있다. Wittenborn, Schultz, Inc. New York, 1947

불행한 부작용을 끼치었다.153) 이러한 두 혼란 상황에서 창조적 협력을 회복시키는 것은 기디온(Sigfried Giedion, 1894-1968)의 업적이었다.

기디온은 공간개념을 현실화시키는데 크게 공헌한 저술가이다. 그는 [공간, 시간, 건축(Space, Time and Architecture, Harvard. 1941)]에서 공간 문제를 근대건축 발전의 중심으로 보았다. 그는 근대건축의 설립과정을 예술적, 사상적, 기술적 여러 면으로 접근하면서, 다른 시대의 건축과 구별되는 가장 현저한 조형적 특색은 공간, 시간, 건축의 상호관계에 있다고 주장한다. 그는 근대건축운동에 너무 집착하여 시공개념을 근대건축운동의 전용물처럼 다루고는 있다. 하지만 건축에서도 시간이 중요한 역할을 연출한다고 한 그의 지적은 깊은 의미가 있다. 그러나 앞에서 언급하였듯이, 프랑스 건축가들의 건축공간에 대한 생각은 형태에 초점을 맞춘 초기의 개념을 넘어서지 못한 상태였다.

이러한 상황에서 프랑스에서는 적어도 매스에 버금가는 독립된 예술로서 공간을 인식한 유일한 사람은 건축가이며 이론가인 앙드레 뤼르샤(André Lurçat, 1894-1970)였다. 그는 일찍이 [건축Architecture, 1929]에서 르 코르뷔지에의 매스, 표면, 평면, 규준선이라는 네 가지 범주를 수정하려는 의도에서 기본요소를 네 개로 분류했다. 그것은 볼륨, 표면, 공간, 빛으로 이들이 건축의 진정한 문법을 형성한다 하였다. 뤼르샤는 그의 일생의 거작인 [형태, 구성, 그리고 조화의 법칙Formes, Compositions et Lois d'Harmonie ; 1953~57]에서 20세기의 가장 위대한 업적은 공간개념에 하나의 구체적 가치를 부여한 것이라고 단정하였다. 그는 형태의 구성요소로서 두 가지 공간개념을 분리시켰다. 즉 전체적 공허(void) 그 속에 견실한 매스가 존재하는 고전시대의 구체적 둘러쌈(l'enveloppe concrete)과 바로크 시대처럼 미리 결정된 조형수단으로서의 공간으로 그 주위에 매스가 형성되는 것을 분리시킨 것이다. 뤼르샤는 여기에 처음의 두 공간개념을 상호관입하는 것으로 제3의 요소를 찾아냈었다. 그것은 브링크만의 전통적 독일의 방법론을 적용시킨 것으로서 기디온이 추구했던 것이기도 하다.

---

153) 1920년대에 독일 학자들의 문제의 하나는 건축을 회화와 조각과 구별하여 어떻게 정의하느냐 하는 것이었다. 근대운동이 다른 방향, 즉 여러 예술의 종합을 목표로 매진하고 있었으므로 그러한 아카데믹한 것에 대한 바른 해답을 찾기란 더 어려워졌다. 공간, 시간, 형태의 개념은 다양한 분야로 예술을 구분하기 위하여 학자들 간에 채택되었으나 그 당시의 화가, 조각가, 그리고 건축가들은 예술 간의 장벽을 헐고 통합하기 위해 이러한 개념들을 교묘하게 취급하였다.

이에 반해 미헬리스(Panayotis A. Michelis, 1903-1969)는 기디온과는 달리 [예술로서의 건축 Η Αρχιτεκτονική ώς τέχνη, 1940 ; 김진현 옮김, 건축미학, 까치, 2007]에서 시간과 공간의 개념은 어느 시대에도 존재했다는 사실을 지적한다. 그의 공간체험은 계속적으로 행하여지기 때문에 시간개념은 처음부터 그 속에 포함되어 있었다. 프랑카스텔(Pierre Francastel, 1900-1970) 역시 [미술과 사회Peinture et Société, 1977 ; 안-바롱 옥성 옮김, 미술과 사회, 민음사, 1998]에서 공간과 시간은 오랫동안 대립 개념으로 생각되어 왔지만 20세기에 와서는 양자가 결합되어져 하나의 행위로 나타났다고 보았다.

제3의 길

이러한 시간으로의 통합과는 달리 공간을 해석하는 제3의 길은 의미와 상징으로서의 해석에 의해 모색되었다. 제들마이어(Hans Sedlmayr, 1896-1984)는 미술사를 양식사나 정신사라기보다는 하나의 작품으로 파악하는 예술사로 보고, 구조분석을 통해 그 작품에 내재된 법칙성에 따라 연구하였다.[154] 그는 리글의 체계와는 달리 인간의 심리와도 같은 개별적 미술작품을 관찰하여 그 작품의 법칙을 변화가 아닌 내면적 필연성에서 구하고 있다. 그러기에 구조분석의 대상은 내적 법칙의 질서이다. 이를 인식하는 것은 바로 작품의 의미를 인식하는 것이다. 그런 맥락에서 제들마이어는 지금까지 예술작품의 서술은 모두 하나의 층의 형성에 불과하므로, 작품의 전체 구조는 많은 층의 의미심장한 관련에 의해 비로소 분명해진다 하였다. 그 후 그는 [건축적 본질에 관하여(Zum Wesen des Architektonischen, 1944)]에서 건축은 공간조형으로 또 물체 조형으로도 볼 수 없다하면서 미술작품이 갖고 있는 의미의 탐구에 전념했다. 그는 근대 미술품이 이전에 가졌던 의미의 상실을 근대인이 앓고 있는 병의 가시적 표현으로 보았다. 특히 그는 [중심의 상실(Verlust der Mitte, 1948) ; 박래경 옮김, 문예출판사, 2002]에서는 그러한 현상을 병리학적 방식에 따라 인간성을 잃은 원인을 찾아내어 진단하고 처방하는 시도를 하였다.

한편 카시러(Ernst Cassirer, 1874-1945)는 [상징형식의 철학(Philosophie der symbolischen Formen, 1923-29 ; The Philosophy of Symbolic Forms, Yale 1955(1980) ; 박찬국 옮김, 상징형식의 철학 I-III, 대우거전총서, 아카넷, 2011-19]에서 신화, 언어, 예술, 역사, 종교, 과학 등은

---

154) 빈학파의 전통에 입각한 제들마이어는 [보로미니의 건축(Die Architektur Borrominis, 1939)]에서 해석이라는 이름으로 구조분석을 시도하였다.

모두 인간의 독자적 정신작용에 의해서 구성된 '상징형식' 이라고 하였다. 그리고 상징은 인간적 '의미' 세계의 일부로서 이러한 상징형식을 만들어내는 능력을 갖는 것은 인간뿐이라 하였다. 그는 [신화적, 미적, 그리고 이론적 공간(Mythischer, ärthetischer und theoretischer Raum, 1931)]에서 질서개념을 존재개념에 우선하였다. 그는 먼저 의미 기능을 규정적 계기로, 그 다음으로 공간구조를 의존적 계기라 하였다. 이런 생각은 건축하는 것이 공간을 조형하는 것이 아니라고 본 하이데거의 영향이었다. 그는 [상징형식의 철학]과 같은 명제를 미국의 과학 자료를 토대로 다룬 최후의 저서 [인간론-An Essay on Man, An introduction to a philosophy of human culture, 1944]에서 인류역사가 유기적 공간에서, 지각적 공간, 그리고 상징적 공간을 거쳐서 추상적 공간에 이르는 일련의 발전 단계로 파악하였다. 이렇게 상징형식의 관점으로부터 인간정신의 전반적 활동을 파악하려고 하는 카시러의 시도는 의미론, 기호론, 분석철학 등의 입장에 있는 학자들의 의미해석을 불러일으켰다.

얀첸(Hans Jantzen, 1881-1967) 역시 의미론적 차원에서 관찰하는 방법을 제시하였다. 그에게는 '회화의 깊이로서의 공간' 으로부터 힐데브란트의 '형태로서의 공간', 리글의 '양식 문제로서의 공간' 에서 '상징으로서의 공간' 으로의 발전이 중요했다. 이 '상징으로서의 공간' 은 그가 이미 [고딕교회의 공간(Über den gotischen Kirchenraum, 1927)]에서 공간체험의 문제로 다루었던 것으로, 바로크에서 하늘의 묘사와 고딕에서 무한으로의 상승을 볼 수 있는 것과 같은 그런 정신적 공간을 가리키는 것이었다. 그는 공간개념이 형태사적 관찰방법에 지나치게 연관되어 있는 미술사적 방법론에 어떤 변화가 있음을 지적하였다. 이 변화는 형식주의로부터 이제 의미사적 관찰로 전환하고 있는 미술사 저술의 변환을 말한다. 그는 미술작품에 표현된 공간을 교체될 수 있는 양식의 형태로 파악해왔다. 그 형식주의적 공간분석은, 이제 그 공간을 작품에 대한 의미론적 차원에서 관찰하는 방법으로 보충되어야 한다고, [예술사적 공간개념에 관하여(Über den kunstgeschichtlichen Raumbegriff, 1938)]에서 주장한다. 이러한 관점에서 얀첸은 파노프스키(Erwin Panofsky, 1892-1968)와 거의 일치하고 있다.

파노프스키는 [상징적 형식으로서 원근법Die Perspektive als symblische Form, 1927 ; 심철민 옮김 비(도서출판b), 2014]를 통해 이 원근법적 역사에 대한 연구를 상징적 형식으로 묘사하고, 또 공간과 원근법의 표현을 통해 형식의 문제로부터 의미의 문제로 전환하고 있다. 여기서 상징적 형식은 함부르크 시절에 연구 활동을 함께한 철학자 카시러의 개념과 일치한다. 그는 도상해석의 이론적 기본 입장을 발전시켰다. 그가 남긴 미술사의 연구는 제2차 대전 이후 도상학의 완전한 성과를 이루는데 큰 역할을 하였다.

파노프스키의 이론정립 과정은 뵐플린의 양식 개념 비평으로부터 시작된다. 그는 리글의 예술학에 도입된 개념인 '예술의욕'을 자신의 고유한 방법으로 파악했다. 그의 저서 [도상해석학 연구(Studies in Iconology, 1939 ; 이한순 역, 시공사, 2002)]에는 방법론의 대가다운 해설과 함께 탁월한 예가 제시되어 있다.[155] 19세기 후반 이후 많은 건축학자와 예술학자 간에 논란이 많았던 공간개념은 얀첸을 시작으로 파노프스키와 같은 도상학자들에 의해 분류되어 공간개념도 하나의 역사성을 지니게 되었다. 그러나 얀첸은 공간개념을 학자들의 전용물로만 생각하였다. 이러한 주장은 1930년대의 자기 고립적 미술사가에게는 흔한 일이었다.

한편 르 코르뷔지에(Le Corbusier, 1887-1965) 역시 [르 모듈러Le Modulor, 1948, 손세욱, 김경완 옮김, CIR, 2016)]에서 공간이 이룬 기적을 신앙의 기적에 필적할 만큼 중요하게 취급한다. 하이데거도 참여한 다름슈타트(Darmstadt)에서의 '인간과 공간(Mensch und Raum, 1952)' 토론에서 그룬트(Peter Grund, 1892-1966)는 종교적, 철학적, 그리고 예술적 관점에서 공간의 내적 비결을 논한다. 이와 같은 방향으로 연구해온 아벨(Adolf Abel, 1882-1968)은 [건축에서의 공간의 본질(Vom Wesen des Raums in der Baukunst, 1952)]에서 공간의 신비야말로 건축의 가장 중요한 본질로 설명한다.

건축학자들의 참여

20세기 중반부터는 공간개념에서 토론의 중심에 미학자와 함께 건축학자도 적극적으로 참여하였다. 이들은 건축에서 공간을 생기 있게 다루면서 공간론을 실제로 발전시켜 보급하였다. 그러나 그것은 여전히 슈마르조브에서 시작되어 온 공간예찬의 공간개념, 그리고 브링크만 이후의 공간과 형태의 융합으로서 공간개념의 연장선상에서였다. 그들은 리글 이후의 양식론적 공간개념에서 건축사와 건축론을 서술하였다.

---

155) 미술사를 역사학으로 파악하는 제2차대전 이후의 시기를 '도상학적' 시기라 부르고, 그 이전의 시기를 '양식론적' 시기로 부를 수 있게 된 데에는 무엇보다 파노프스키의 기여가 크다. 그의 [도상학 연구] 서문은 [Meaning in the Visual Arts, 1955]에서 거의 수정되지 않은 채 다시 발간되었다.

기디온은 시간과 공간의 개념을 근대건축 발전의 핵심으로 보았다. 그러나 그의 공간개념 인식은 [공간, 시간, 건축-Space, Time and Architecture, Harvard, 1941]의 출판 이전으로 거슬러 올라간다. 그는 이미 1922년에 [후기 바로크와 낭만적 고전주의(Spätbarocker und romantischer Klassizimus)]에서 개방된 바로크 공간과 폐쇄된 낭만주의 공간을 비교하였다. 그의 공간개념은 포괄적이어서 그 후의 [공간의 불포착성(Die Ungreifbarkeit des Raums, 1965)]에서는 공간감정과 거의 동일시된다. 그의 유고(遺稿) [건축과 그 변천의 현상(Architektur und das Phänomen des Wandels, 1969 ; Architecture and the Phenomena of Transition, 1971)]에서는 건축사를 공간개념의 연속으로 서술하고 있다. 그의 세 가지 공간개념[156]은 여기서 태어나는데, 그 싹은 이미 [영원한 현재(The Eternal Present, 1964)]에 기술되어 있었다.

제비(Bruno Zevi, 1918-2000) 역시 공간예술로서의 건축을 널리 알렸다. 그는 공간론을 건축해석의 중심 주제로 삼으면서 [공간으로서의 건축(Saper vedere l'architettura, 1948 ; Architecture as Space, 1957 : 강혁 역, 집문사, 1989)]을 서술하였다. 기디온의 공간론은 시·공간개념과 공간과 조소적 볼륨간의 관계를 주목하면서 방대한 문화사적 관점에서 서술되었다면, 제비는 보다 분명한 미학적 관점에서 인간과 공간간의 심리적, 생리적, 사회적 측면을 중시하는 총체적 입장을 취하고 있다. 그는 내부공간이야말로 건축의 주역이자 본질임으로, 공간적 견지에서 건축을 보아야 하며 그 서술도 건축의 역사 역시 공간에 초점을 맞추어야 한다고 주장하고 있다. 그는 또 완전한 공간체험이 이루어질 때, 우리들은 스스로를 건축적 유기체의 일부라고 느끼게 될 것이라고 피력한다.

페브스너(Nikolaus Pevsner, 1902-1983)는 건축의 역사를 공간을 창조하는 인간의 역사라는 입장에서 [유럽건축사 개관(An Outline of European Architecture, 1943)]을 서술하였고, 접닉(Irving L. Zupnick, 1920-2001)은 [예술에서의 공간개념과 공간조직(Concept of Space and Spatial Organization in Art, 1959)]에서 공간 감각을 중시하면서 예술사에서 공간개념을 다루었다. 한편 독시아디스(Konstantinos A. Doxiadis, 1913-1975)와 바인베르그(Guido Kaschnitz von

---

156) 제1의 공간개념은 메소포타미아에서부터 이집트, 그리스까지를 포함하는 '조소로서의 건축'이며, 제2의 공간개념은 고대 로마에서 중세, 르네상스, 바로크까지를 포함하는 '내부공간으로서의 건축'이고, 제3의 공간개념은 20세기의 건축을 규정하는 '조소와 내부공간으로서의 건축'이다. 그것은 리글의 3단계론이 이집트에서 그리스 그리고 후기 로마로 발전한 것에 비해 기디온의 3단계론은 이렇게 건축사 전역에 확대되었다.

Weinberg, 1890-1958)는 각기 당시의 공간관과 예술의지의 전개로 고전건축의 문제를 다루었다.[157] 이처럼 '공간 예술로서의 건축' 이 널리 알려지게 된 것은 아우구스트 슈마르조브 이후부터였으며, 이제 건축 공간론은 건축사학의 핵심이 되었다.

이러한 공간의 예찬과는 달리 건축에서 형태를 의식하면서 공간과의 관계를 파악하는 사람들의 논의도 활발히 진행된다. 포시용(Henri Focillon, 1881-1943)은 미술작품이 형태적 측면에서 파악되고 해석되어야 한다고 했다. 그는 무한하고 예측할 수 없는 다양성 속에서 형태들의 생명을 고찰하는데 몰두했으며, 다양한 접근을 통해 그것들의 공간, 물질, 정신, 그리고 시간과 맺는 관계를 연구하였다. 그는 [형태의 삶(Vie des formes, 1934); 강영주 역, 학고재, 2001]에서 미술작품은 형태적 측면에서 파악되고 해석되어야 한다고 했다. 그는 "건축하는 사람은 공허를 어떻게 하는 것이 아니고, 형태를 감싸는 것이며, 조각가처럼 공간을 내 · 외부에 동등하게 살을 붙이는 일이다"라고 했다. 이렇게 포시용은 다양한 접근을 통해 그것들이 공간, 물질, 정신, 시간과 맺는 관계를 연구하였다.

그리고 라스무센(Steen Eiler Rasmussen, 1898-1990)은 [건축예술의 체득(Experiencing Architecture, 1962 ; 윤일주 역, 야정문화사, 1979]에서 애매한 의미로 사용되기 쉬운 공간이라는 용어 대신 공허부(空虛部, cavity)라는 개념을 사용한다. 형태와 공간은 고형물(固形物, solid)과 공허부의 대비로 나타나며, 양자의 효과적 대조가 건축의 질을 결정한다는 것이다.

한편, 예디케(Jürgen Joedicke, 1925-2015)는 지각할 수 있는 주관적 공간과 측정할 수 있는 객관적 공간으로 구별하였다. 그는 장과 장 사이의 관계가 무한히 커져서 지각공간이 존재할 수 없는 상태를 공허로 보았고, 장과 장 사이의 관계가 무한히 작아지는 상태를 물체로 보았다. 그는 물체는 물론 공허까지도 통일적 공간개념의 극한 상태로 이해했다. 그는 이렇게 [건축공간 이론을 위한 예비각서(Vorbemerkungen zu einer Theorie des architek-

---

157) 독시아디스는 [그리스 도시건축의 공간질서(Raumordnung im griechischen Städetbau, 1937 ; Architectural Space in Ancient Greece, 1972 ; 허병익 역, 고대 그리스의 건축공간, 대건사, 1998)]에서 당시의 공간관이 실제로 어떻게 신전의 건축공간에 반영되었는지를 보여주었다. 바인베르그는 [고대 이탈리아-로마 구조를 위한 비교 연구(Vergleichende Studien zur italisch-römischen Struktur, 1944)]에서 로마 건축이 그리스 건축과는 전혀 다른 예술의지에서 발전시킨 것을 공간 체험의 질적인 문제로 전개시켜서 건축공간과 실존공간의 동일화로 두 건축을 비교한다.

tonischen Raums, 1968)]에서 공간을 장과 장 사이의 관계의 총체로 정의하였다. 그 후 [건축의 공간과 형태(Raum und Form in der Architektur, 1985)]에서도 공간은 연속적으로 경험되는 모든 점들 사이의 관계의 총합임을 지적하면서 물체와 공간과의 관계의 극복을 의식적으로 시도하고 있다.

이와 같은 입장에는 아른하임(Rudolf Arnheim, 1904-2007)도 있다. 그는 [건축의 역학적 형태(The Dynamics of Architectural Form, 1977 ; 손승관 역, 세진사, 1987)]에서 공간을 용기로서의 공허와 사물간의 관계로 보고, 사물간의 관계가 작아질 때 이 둘은 하나로 합쳐지고, 그 관계가 커질 때 둘 간의 관계는 사라짐을 지적한다.

이렇게 건축이론가들은 공간이나 형태에 대한 부정보다는 이 딜레마에 대한 해결책으로 두 양상간의 균형에서 찾았다. 이러한 태도는 '공간-조형적 통일' 이라는 유물론적 이론에서 발전되었다. 이러한 개념은 1888년 지테로부터 쉬말소, 브링크만, 프랑클, 죄르겔, 그리고 1941년 기디온에 이르기까지 그들의 중심사상에서 볼 수 있다. 되돌아보면, 20세기의 근대운동은 데 스틸과 같은 강렬한 공간의 표현이거나, 표현주의 건축처럼 강렬한 형태의 표현이 아니면, 기디온의 보편적 건축처럼 이 양자의 강력한 상호관입의 양상을 보여 왔다. 이렇게 공간과 형태라는 대전제는 수정되어야 했지만 지테의 주장처럼 내 · 외부 공간의 본래 모순은 아직도 디자인에서는 중요한 영감을 주고 있다.

Ⅳ
근대 건축의 공간

1. 공간 개념을 지각한 근대건축의 건축가들

우리는 이미 공간에 대한 이론가들의 사상교류와 그 자취를 살펴보았다. 이제 그들의 계승자로서 근대운동의 건축가들을 살펴보기로 한다. 이들 두 범주는 전혀 다른 집단이었다. 그러나 이론적 차원에서는 명백한 관련을 볼 수 있다.

그림 20. 오르타(Victor Horta), 반 에트벨데 주택의 중앙 홀, 1895

건축에서 공간을 최초로 예술적으로 표현한 것은 1890년 이후 아르누보(Art Nouveau)에서였다. 근대 건축의 출현 시기와 같았다. 이 운동은 장식과 구조를 새로운 통일체로 융합시켜 19세기의 절충주의를 내몰았다. 선(線)이 형태를 정복한 것은 형태의 추상성과 투명성이라는 새로운 개념을 암시하는 서구사회의 첫 징후였다. 때문에 아르누보를 최초의 근대운동으로 본다. 이 운동은 섬세함이 결여된 당시의 기계문명과 경직된 실증주의 문화에 대한 반발로 시작된 예술공예운동(Art & Craft Movement)에 기원을 두고 있다. 그러나 무엇보다 아르누보는 공간적 추상작용이라는 새로운 인식을 시각화한 최초의 운동이었다(그림 20). 그럼에도 참여자들은 공간개념을 의식적으로 미학의 목적으로 삼지 않았다. 오직 양식을 새롭게 정의하는 데에 관심을 두었을 뿐이다.[158] 그들은 물체의 선(線)적 처리에 열중하였다. 그렇게 얻어진 물체의 선들의 변환 사이에서 새로운 공간을 보게 되었다.[159]

---

158) 1890년 초 건축원리로서 공간개념에 대한 새로운 인식은 근대건축의 발생과 일치하지 않는다. 아르누보의 이론가들이나 Victor Horta(1861-1947), Antonio Gaudi(1852-1926), Charles Rennie Mackintosh(1868-1928), Henry van de Velde(1863-1957), Hector Guimard(1867-1942)와 같은 건축가들도 공간개념을 의식적으로 미학적 목표로 삼지 않았다. 그들은 다만 양식을 새롭게 정의하는 데에만 관심을 두었다.

159) 아르누보는 2차원의 예술로 여겨지기도 한다. 아르누보가 표면 처리에서 비롯되었기 때문이다. 그러나 이들이 만들어낸 동적 공간 구성은 정적이며 생명력 없던 신고전주의 전통을 타파하였다, 모든 것이 변화하는 근대적 운동이었다. 그럼에도 대부분의 아르누보 예술가나 이론가들은 공간 개념에는 무관심하였다. 이들의 관심사는 19세기 절충주의가 빚어낸 혼란을 제거하는 데 있었기 때문이다.

최초로 공간개념을 지각했던 건축가들은, 헨드릭 페트루스 베를라헤(Hendrick Petrus Berlage, 1856-1934), 아우구스트 엔델(August Endell, 1871-1925), 그리고 루돌프 쉰들러(Rudolph M. Schindler, 1887-1953)이다. 공간개념은 1893년 힐데브란트와 슈마르조브에 의해 소개된 후 건축가들이 적용하기까지 무려 10년 넘게 결렸다.

베를라헤는 [논고(Gedanken, 1905)]와 [원리(Grundlagen, 1908)]를 출판하였다.160) 이 두 책에서 그는 가치체계와 배경에 대해 언급하면서 새로운 공간개념을 담고 있다. 베를라헤는 원리에서 비례는 본질적으로 비물질적이며 공간과 형태라는 건축의 두 가지 양상을 엮는 무형의 응집력이라 한다. 때문에 공간은 비례를 이루어야 하며 그 비례가 외부의 표현을 강조한다. 그는 건축의 목적은 공간 창조이므로 공간에서 출발되어야 함을 강조한다. 게다가 기하학의 목적은 통일이기에 다양성 속에서 그 통일이 확립될 때에만 건축을 예술이라 할 수 있다고 말한다.161) 그는 기능주의 건축과 새롭게 인식된 공간개념을 동일시한다. 이렇게 공간미학은 목적미학으로 확장된다. 이 기능주의적 확장은 이후 공간 개념 발전에서 중심이 된다. 특히 표현주의 경향이 쇠퇴하고 기능주의를 표방하는 국제주의 양식이 주도권을 잡게 된 1920년 이후에는 더욱 그러했다. 베를라헤는 내부에서 외부로 디자인하는 것이 우선임을 라이트처럼 확신하고 있었다.162)

공간개념을 도시적 경험으로 다룬 이는 뮌헨의 분리파 건축가 아우구스트 엔델이었다. 그는 도시 가로의 아름다움을 이론으로 추구하였다. 그 공간 경험은 그의 모든 예술 공간 창조의 필요조건이 되었다. 엔델은 베를라헤보다 더 공간의 예술적 표현을 우선시 하였다. 베를라헤의 공간은 벽으로 명확하게 한정되는 구조적 둘러쌈으로 인식하였지만, 엔델은 공허 그 자체의 미학적 감각으로 평범한 구조를 가지고도 멋진 분위기를 만들었다(그림 21).

---

160) Hendrik Petrus Berlage, Über Architektur und Stil, Basel / Berlin / Boston ; Birkhäuser, 1991, [김영철, 우영선, 김명식 옮김, 건축예술과 양식, 아카넷, 2021]에 수록 출판됨.

161) 공간과 기하학을 동일시함은 바로 베를라헤 공간 개념의 첫 번째 원리이다. 그의 두 번째 원칙은 절충주의 양식의 '외부에서 내부로의 접근방식'을 거부하는 것이었다. 핵심은 '내부에서 외부로 디자인하는 것'으로 실체를 표현하는 것이었다. 그럼으로 겉모양 보다는 실체를 표현하는 것이었다. 그는 건축은 둘러싸는 공간 예술이므로, 주된 가치는 공간에 주어져야 한다고 주장한다. 그의 공간 개념을 이끈 제3의 원리는, 당시 독일공작연맹을 통해 알려진 'Sachlichkeit(즉물성)'의 개념이었다. 베를라헤에게 기능주의란 모든 인류가 사회 경제적 평등에 도달하는 적절한 해결책이었다.

162) 베를라헤는 1911년 미국을 방문한 후 라이트를 현존하는 미국의 가장 위대한 건축가라 하였다. 그는 미국 도시의 치솟은 마천루와 격자평면의 도시조직에 놀랐다.

그림 21. 엔델(August Endell), 아트리에 엘비라의 계단

건축가 쉰들러는 건축설계와 공간과의 관계는 원자재와 그것으로 만든 실(室)과의 관계와 같다고 선언문에 서술하였다. 엔델의 노선을 그대로 따른 것이었다. 그것은 공간개념이 건축가들에게 얼마나 고귀한가를 증명하고 있다.163) 이렇게 공간을 매체로 쉰들러는 쇼펜하우어의 예술 위계에서 건축이 겪었던 수모를 완전히 지워버렸다. 그는 헤겔이 '정신' 이라 묘사하였던 이 마술과 같은 단어인 '공간' 을 분명하게 하였다.

---

163) Rudolph M. Schindler, A Manifesto-1912, in Schindler, by David Gebhard, New York, 1971, pp.191-192 : '건축가는 자기 예술의 매체를 발견하였다. 그것은 공간이다. 건축설계와 공간 그 자체의 관계는 원자재와 그것으로 만들어진 방과의 관계와 같다. 건축은 물질이 아니다.'

2. 표현주의와 미래파

20세기 초반 실험적 예술가들은 양식에 대해 의식하며 실험하여 하나의 구호로서 새로운 이념을 내세우는 미술운동을 전개하였다. 이들 운동은 1920년대에 독일에서는 표현주의(Expressionism) 그리고 미래파(Futurism)는 이탈리아를 중심으로 확산되었다.

그림 22. E. 멘델존 아인슈타인 타워(좌)
그림 23. 바이데벨트 인민극장 계획안(상)

표현주의는 인간이 외부세계에 의존하는 '인상' 보다 자신의 내면에서 나오는 '감정'을 표현하려하였다. 때문에 표현주의자들은 예술을 내면의 현상을 구체화하는 작업으로 여겼다.[164] 표현주의 운동은 냉철한 이성보다 무형적이며 감정적 관념인 공간의 감각이거나 공간의 심취가 목적이었다. 표현주의 운동의 또 다른 충동은 의인화된 공명(anthromorphic sympathy), 즉 건축매스에 인간의 상징을 투여하는 것이었다(그림 22, 23).[165] 이렇게 무엇보다 감정의 중요성을 쇼펜하우어(Arthur Schopenhauer, 1788-1860)가 19세기 초에 처음 지적하였다. 그는 이성은 감성 개념과 대립된다고 생각하였다. 거기에 유기적 결정체를 관능적 형상에 대응하는 것으로 보아 더 선호하였다(그림 24). 그 특징은 유토피아

---

164) 표현주의자들은 인간의 비합리적 감정에 집착하였다. 또 시간과 공간의 움직임이 없는 정적(靜的)개념을 외면하였다. 이들은 칸트의 전통에 따르는 추상적이고 객관적 사고방식에서 벗어나, 실존적이고 주관적 사고방식 즉, 19세기 초의 철학자 키에르케고르(Sören Kierkegaard, 1813-1855)의 경향을 따랐다. 키에르케고르는 지적 개념이 살아 있는 실존에게는 낯설다고 생각하였다. 공간개념은 전통적으로 객관적 이성의 세계에 속해 있었다. 그러므로 공간에 대한 관념적 세계는 그 성격상 주관적 시각과는 적대적이었다. 그럼에도 새로운 공간 개념은 표현주의 운동에서 태어났다.

165) 표현주의 건축에서 인체를 인식할 수 있는 예들이 있다. 성적 상징인 남근으로 멘델존의 아인슈타인 타워(그림 22)와 여성의 상징으로 바이데벨트(Hendrik Wijdeveld, 1885-1987)의 Vondelpark 인민극장 계획안(그림 23)을 볼 수 있다.

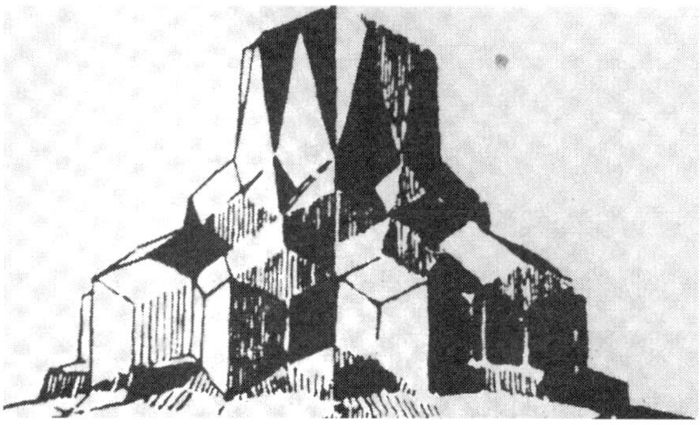

그림 24. 막스 타우트(max Taut, 1884-1967) 유리 건축, 1920

그림 25. B. 타우트. 유리산업 파빌리온 공작연맹 전시회

적 경향이었다. 표현주의 운동에서 유기적 형태라는 관능적 형상과 그에 대응되는 결정체를 다함께 예술적으로 더욱 선호한 것은 가장 기묘한 융합이다.

표현주의 건축가들은 낭만주의자였고, 그들의 건축은 기념비적이었다. 물론 개념으로서의 공간은 표현주의 건축가들의 주요 논쟁 주제는 아니었다. 그러나 슈펭글러(Oswald Spengler, 1880-1936)는 표현주의적 공간개념 즉 파우스트적 공간 개념의 표현을 건축 형태의 표현보다 위에 두었다. 그 증거를 표현주의 건축가들이 유리나 수정체를 선호한데서 볼 수 있다.[166] 거기서 우리는 그들의 공간인식의 전환 계기를 짐작할 수 있다. 건축 재료로서의 유리는 그 성질이 투명하여 인간의 시야를 무한하게 확장시키며 또 개방적이어서 자유사회의 이미지를 이상적으로 뒷받침할 수 있기 때문이다.

표현주의 건축가 중에서 가장 성공한 사람인 에리히 멘델존(Erich Mendelsohn, 1887-1953)이다. 그는 공간을 구체적으로 잘 표현하는 것이 건축이라고 정의 한다.[167]그에게 기능은 요구에 따르는 공간적 형태를 의미하였다. 그것은 치밀한 분석으로 얻는 평면과 입면의 올바른 관계를 의미하였다. 물론 기능을 공간으로 표현함은 지성의 영역이었다. 또 멘델존에게 역동성은 물질 중에 존재하는 힘의 운동을 논리적으로 표현하는 것이었

---

166) 1914년 독일 쾰른의 독일공작연맹 전시회에서 선보인 타우트의 유리 파빌리온(그림 25)을 읊은 시인 쉬어바르트(Paul Scheerbart, 1863-1915)의 환상적 에세이 [유리건축(Glasarchitektur, 1914)]은 당시 건축가들에게 큰 영향을 미쳤다.

167) Erich Mendelsohn, Reflections on new Architecture(1914-17), Structures and Sketches, London, 1924, p.3 : 건축은 인간정신으로 가능한 공간의 유일한 유형적 표현이다. 건축은 공간을 장악하고 공간을 에워싸며 또한 공간 그 자체이다.

다. 당연히 모든 현상은 에너지로 표현되었다. 물론 형태는 에너지와 같다. 건축가는 건축 형태 내부의 운동의 힘을 외부로 뚜렷이 표출시켜서 건물 사용자는 물론 단순히 건물을 지나가는 사람들에게도 영향을 준다. 이렇게 멘델존은 건축가가 공간을 창조하는 즐거움은 이들 두 힘을 하나의 통합체로 만들 때 나온다 하였다.

멘덜존은 네덜란드에서 1920년대 초반에 일어난 두 운동, 즉 암스테르담 표현주의와 로테르담 기능주의에 대한 비평에서 이 두 유파들이 가까운 장래에 조화를 이루어야 한다고 주장하였다. 멘델존은 역동성과 기능이라는 두 개의 개념을 통합시켰다. 그러나 그의 말년의 작품에서는 기능의 중요성은 약화된 듯 보인다. 건축이 기능을 공간적으로 표현하는 것이라는 멘델존의 초기 인식은 물질의 구도질서를 위해 자리를 내주었기 때문이다.[168)]

한편 과격한 기능주의자들은 이론적으로 표현주의의 중요성을 모호하게 하였다. 기디온은 표현주의 영향이 건축 발전에 쓸모없다 하였다.[169)] 비평가들의 이러한 경향은 1960년대에 들어서야 사라지기 시작하였다. 유기적 공간에 대한 표현주의 개념은 기하학적 공간에 관한 르 코르뷔지에의 기능주의 개념과는 대립되었다. 르 코르뷔지에는 1928년 제1회 CIAM 회의에서 표현주의를 무참하게 논박하였다. 그러나 20년 후 그는 유기적 롱샹(Ronchamp) 성당에서는 표현주의적 시각이 옳았음을 확인시켜주었다.

표현주의에서 기능주의로 전향한 건축가는 브루노 타우트(Bruno Taut 1880-1938)였다. 그는 표현주의 운동의 지도자였지만 1923년 표현주의 몰락 이후 기능주의로 전향하였다.[170)] 이 표현주의적 공간 개념을, 문화 철학자 슈펭글러는 파우스트적 공간이라 한다.[171)] 우리는 같은 모습을 알프스 북쪽에서 표현주의 운동과 비슷한 이탈리아의 미래파 운동에서 볼 수 있다. 이 운동 역시 공간 개념을 의식적으로 발전시킨 증거는 뚜렷하지

---

168) 멘델존은 처음에는 공간 개념을 형태로 표현하는 주도자였으나 점차 그로부터 멀어진다. 그는 공간 개념이 건축 형태를 창조해내는 데 충분치 못하다고 믿었다. 또 인간도 역시 땅을 딛고 사는 존재이므로, 인간의 감각도 의인화된 형태를 받아들이기 때문이다. 멘델존에게 진리는 유기적 현상을 지각함에 있지 공간개념과 같이 선험적 지적 개념 속에 있지는 않았다. : Erich Mendelsohn, 'The Three Dimensions of Architecture(1952)' in ed. by L. Bryson, Symbols and Values, New York, 1964, pp.235-254

169) Sigfried Gidion, Space, Time and Architecture, 1941 ; 공간, 시간, 건축, 최창규 역, 산업도서, 1977.

170) 공간 개념에 대해 침묵을 지켰던 건축가는 브루노 타우트였다. 그는 표현주의 운동의 가장 활동적 선전가였다. 그의 [알프스 건축(Alpine Architektur)]은 유토피아 세계에 대한 독특한 표현주의 기법의 드로잉집이다.

171) Oswald Spengler, Der Untergang des Abendlandes, 1918 ; 박광순 옮김, 서구의 몰락, 범우사, 1995.

않다. 그럼에도 미래파운동의 정신적 대부였던 시인 마리네티(Fillipo Marinetti, 1876-1944)의 '미래주의 선언문(1909)' 에서 니체와 같은 디오니소스적 개념의 공간감각을 읽을 수 있다. 그는 인간을 둘러싼 무한한 공간을 인간이 정복할 수 있는 방법으로 즉 도취상태에서 자유롭게 공간 속을 이동하는 소망을 이야기하고 있다.[172] 마리네티의 미래파 선언은 근대의 역동성을 지지하며, 과거의 정적 시간과 공간 개념과의 결별을 다음과 같이 시적으로 시도하였다.[173] '시간과 공간은 이미 어제 죽었다. 우리들은 지금 절대성 속에서 살고 있다. 왜냐하면 우리들은 바로 도처에서 속력(velocity)을 만들어내기 때문이다.'

속도(speed)와 역동성에 대한 감정은 산텔리아(Antonio Sant'Elia, 1888-1916)의 건축에 대한 시각에서도 볼 수 있다. 그의 '미래파 건축선언' 에 분명히 드러나고 있다. 그의 미래도시의 건물은 승강기를 외부에 설치하고 위로 올라갈수록 축소되는 콘크리트, 철, 유리의 거대한 고층 구조의 건축이다(그림 26). 그 방법은 분석단계에서 대상을 해체하는 입체파와는 달리 정지된 것은 아니다. 그것은 대상과 환경과의 역동적 관련을 받아들인 빛과 공간의 일체인 우주를 말하고 있다. 1920년대 중반에는 공간과 형태, 추상과 감정이입, 그리고 기하학적인 것과 유기적인 것 등의 내적 갈등이 순수하고 기하학적 공간의 비물질적 개념으로 기울게 되었다. 이런 혁명이 주로 네덜란드의 데 스틸 운동의 출현에서 비롯된다. 그리고 많은 다른 세력들, 즉 프랑스의 입체파는 물론 1930년대의 표현주의 운동의 쇠퇴에 영향을 주었다. 그 중에서도 공간 개념의 미학적 해석에 결정적인 변화를 준 것은, 특히 네덜란드의 신조형주의 운동(De Stijl)의 영향이었다.[174]

그림 26. 안토니오 산탈리아 '새로운 도시(1914) 상상도 코모 시립박물관. 소장

---

172) Raffaele Carrieri, Futurism, Milano, 1963 : 나는 당신의 쇠사슬을 느슨하게 하여, 명정(酩酊) 속에서 해방된 무한 속으로 당신을 떠나보낸다.
173) Filippo T. Marirnetti, Foundation and Manifesto of Futurism, 1909
174) Cornelis van de Ven, 앞의 책 p. 236

3. 입체파와 그 이후

입체파(Cubism) 운동은 20세기 초의 혁명적 운동으로 다음 세대의 모든 미학 운동의 모체였다. 예술창조에서 새로운 공간개념으로의 첫 단계였다. 피카소(Pablo Picasso, 1881-1973)와 함께 큐비즘 운동의 실제 창시자 브라크(Georges Braque, 1882-1963)는 큐비즘의 주안점을 자신이 느낀 새로운 공간을 구체화하는데 두고자 하였다. 그것은 온갖 관념들을 시각화하는 것이었다. 물론 회화의 언어는 현실적이며 추상적 양면성을 띠더라도 큐비즘은 하나의 관념적 예술임이 분명하다. 이는 네덜란드의 데 스틸이나 러시아의 구축주의와 같은 추상 운동의 발판이 되었다.

당시 알베르트 아인슈타인은 특수 상대성 이론(1905)을 발표한 후 일반상대성이론(1915)을 준비하고 있었다. 철학에서도 공간에 대한 전통적 개념이 변하고 있었다. 그렇다고 모든 분야에서 그런 것은 아니었다. 오히려 그 반대였었다. 예술가들은 다른 예술 분야에서 일어나고 있는 사정을 알지 못한 채 새로운 공간 개념을 만드는 듯하였다.

건축공간개념에 영향을 미친 것은 큐비즘 회화로서 핵심은 동시성 개념이었다. 그것은, 한 캔버스에 여러 시점들을 동시에 시각화 하는 방법으로, 하나의 2차원 평면에 시간이라는 4차원의 미학적 경험을 반복하며 표현되었다. 이렇듯 입체파 화가들은 단일 시점에서 사물 세계를 표현했던 전통에 반발하였다. 단일시점은 불완전하고 한 순간의 장면만을 표현하기 때문이다. 그들은 관찰자가 건축과 조각에 접근하여 그 주변을 돌 때 여러 모양으로 인식되는 효과에 주목하였다. 그러한 '다수의 이미지'를 화가는 한 캔버스에 옮겨야 한다면 결과는 분명 착시 그대로일 수밖에 없게 된다. 그것은 실제로 전통적 3차원 투시도 방법보다 더 착시적이다.

회화에서 4차원 공간은 관찰자의 위치가 여러 곳임을 암시한다. 그러나 실제 캔버스에 대한 관찰자의 위치는 이전처럼 정적 위치 그대로다. 그러한 애매함이 건축공간에도 존재한다. '하나의 이미지'라는 공간 개념도 인체가 공간을 통과할 때 얻는 수많은 이미지 중 하나이기 때문이다. 그러나 입체파의 미술적 공간 개념은 그와 같은 현실 단계의

그림 27. 뒤샹(Marcel Duchamp), 계단을 내려가는 누드

모호함과는 상관없다. 미술적 의도의 표현은 사용된 매체나 물질과는 관계없이 회화는 물론 건축적 특성에 한정 되지 않는다. 이러한 생각은 미래파와 입체파 회화와의 근본적 공간 개념 차이다. 입체파 회화는 주제가 되는 물체 주위로 관찰자를 유도하거나 상호 침투되는 서로 다른 위치에서, 주제인 물체를 캔버스의 평면에 동시에 표현한다. 결국 공간에서 관찰자의 운동이라는 개념을 표현하게 된다. 반면에 미래파는 이전과 마찬가지로 보는 사람의 위치가 그대로 고정되어서 관찰자의 관념적 위치와는 관련이 없다, 이는 기본적으로 분석단계의 입체파를 받아들여서 대상을 해체하는데 입체파처럼 정적인 것은 아니다. 대신 대상과 환경과의 역동관계를 받아들여서 빛과 공간을 일체로 우주적 역동성을 주장한다. 미래파 공간에서 중요한 것은 주제인 물체 그 자체의 운동에 대한 문학적 표현이다. 이는 마치 스크린에 영화를 상영하는 기법과 비슷하다.(그림 27.)

한편 회화에서 사실주의 경향의 포기를 반대하는 운동도 있었다. 프랑스의 순수주의 즉 퓨리즘(Purism)이 그렇다. 이 운동은 보다 자의적으로 자연 대상물의 순수한 윤곽으로 되돌아가고자 하였다. 오장팡(Amédée Ozenfant, 1888-1966)과 잔네레(Charles Edouard Jeanneret, 르 코르뷔지에)가 주도하였다. 그들은 기술과 기계를 수용하면서 최소한의 세부묘사로 단순한 형태를 추구하였다. 사물을 디테일이 없는 기본 형태로 표현한 것이다. 그럼에도 퓨리즘 운동은 추상 관념에 반대하여 자연 대상물 본래의 순수한 윤곽으로 되돌리려 하였다. 이는 큐비즘의 이해만 아니라 퓨리즘의 창시자 중 한 사람인 르 코르뷔지에의 공간개념의 이해에도 도움이 된다.

입체파 회화의 공간 미학으로 접근하기 위해서는 샤를 에두아르 잔네레 즉 르 코르뷔지에의 공간이론을 이해할 필요가 있다. 잔네레와 오장팡은 4차원에 대한 모든 논쟁을 종결하였다.175) 4차원을 큐비즘 이론가들의 가치 없는 가설이라 생각하였기 때문이다. 그 같은 가설은 회화로서 실현될 수 없으며, 그 실현을 꾀하면 혼란을 가중시킬 뿐이라 하였다. 그들은 자연에 존재하는 3차원보다 많은 것을 표현하려는 것은 불합리하다고 믿었다. 잔네레와 오장팡은 광학에서도 4차원 개념은 순전히 사변적이어서 '실제 세계'와는 거리가 멀었다. 왜냐하면 인간의 감각은 3차원 공간밖에 식별할 수 없기 때문이다. 그 결과 그들은 퓨리즘이라는 또 다른 경향을 제안하였다. 퓨리즘은 1918년 무렵부터 1925년까지 파리에서 일어난 미술운동으로 기계미술이라는 새로운 미학과 관련되었다. 퓨리즘은 르 코르뷔지에와 오장팡에 의해 주도되었고 입체주의 이후에 퓨리즘의 토대를 규정하였다. 거기서는 큐비즘의 모든 오류가 수정될 수 있었다. 이러한 변증법적 연구에도 불구하고, 퓨리즘은 큐비즘에 물을 탄 분파에 지나지 않았다. 결국 퓨리즘은 데 스틸이나 러시아 구축주의와 같은 운동에도 뒤쳐졌다.(그림 28)

그림 28. 르 코르뷔지에 정물 (1922)

르 코르뷔지에의 건축미학은 단순 명쾌하다. 그는 건축가가 고려해야할 요소를 형태와 표면 그리고 평면 등 세 가지로 압축하고, 목적을 향한 수단으로 규준선을 삼았다. 특히 평면과 규준선은 블롱델-뒤랑-구아데로 이어지는 보자르 건축 이론의 핵심으로 프랑스 아카데미즘 건축 이론의 전통에 뿌리를 두고 있다. 그럼에도 르 코르뷔지에의 당시 아카데미즘 권위에 대한 공격은 논쟁거리였다. 르 코르뷔지에는 미학적 분석에서 '공간'이란 말을 사용하지 않았다. 뿐만 아니라 그가 일반적 공간 개념을 인식하고 있었다

---

175) 르 코르뷔지에는 스승 오귀스트 페레의 소개로 미술가이자 비평가인 오장팡을 만난 후, 그와 함께 [큐비즘 이후(Aprés le Cubisme, 1918)]라는 책을 출간하였다. 이 에세이는 제1차 세계대전 이전의 큐비즘 개념을 공격하려는 의도에서 쓰였다. 그들은 대중에 널리 퍼진 혼란의 주요 원인이 큐비즘 개념이라고 생각하였다. 그들은 큐비즘의 이 같은 현상을 비구상적, 불명료성, 제목의 부적합성 그리고 결코 무시될 수 없는 4차원이라고 솔직히 밝혔다.

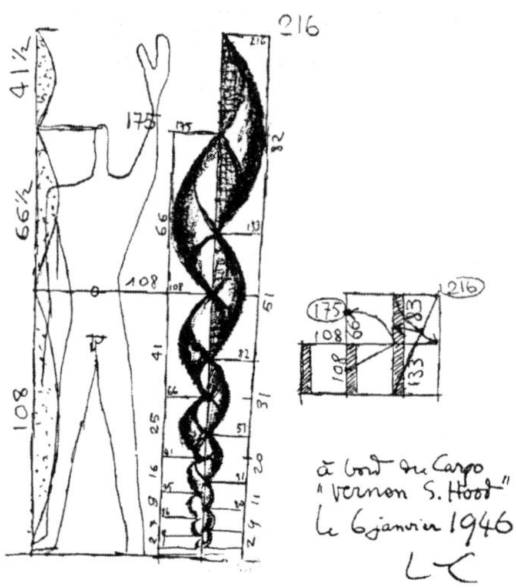

그림 29. 르 코르뷔지에 르 모듈러 황금분할을 바탕으로 한 비례 연구(1946)

는 사실도 찾아낼 수 없다. 르 코르뷔지에는 형태 개념에서 시작하였다. 그가 형태의 연출이라고 정의한 건축은 빛으로 드러난다. 르 코르뷔지에는 대상을 육면체, 원추, 구, 원기둥, 사각추 등의 기본 형태로 보려 하였다, 이런 분명한 형태의 지각은 혁명적 건축가 불레와 르두의 이념이나 입체파의 시조 세잔(Paul Cézanne, 1839-1906)의 작품이 그 기원이었다.

르 코르뷔지에는 우선 온갖 형태 중에서 입방체를 가장 순수하게 보았다. 건축형태를 단순한 일반 사각형으로 구성되는 형태로 만들 수 있기 때문이었다.[176] 제2차 세계 대전 후 르 코르뷔지에는 조화수열 비례에 대해 발표하였다. 그것은 이상적 인체에서 도출해 낸 황금분할의 응용으로 그의 저서 [모듈러(Le Modulor, 1948), MIT; 손세욱, 김경완 옮김, CIR, 2016](그림 29)로 널리 알려졌다. 그것은 또 공간 개념을 명쾌하게 표명하여서 기계미학을 표방한 퓨리즘운동이 시작된 1918년에는 거부하였던 개념이었다. 그는 마치 다른 사람처럼 공간을 모든 예술을 조정하는 요소라 하였다. 그러나 우리가 여기서 주목할 것은 르 코르뷔지에가 큐비즘에 대한 지난날의 비판을 접고 그가 격하시켰던 4차원을 원래 자리로 회복시키고 있다는 사실이다.[177] 이렇게 한때 입체파에 의해 4차원으로 불리던 것을 이제 르 코르뷔지에마저 형용하기 어려운 신성한 공간이라 하였다. 그것은 조화수열에 의해 정의되는 공간을 말하고 있다.

---

176) 매스는 르 코르뷔지에의 네 가지 구성의 첫 번째 원칙이다. 두 번째 원칙은 표면이었다. 이는 공장생산 형태의 간결성을 의미하였다. 그것은 새롭게 적용할 장식을 의미하지 않았다. 그는 세 번째 원리로 평면을 들었다. 르 코르뷔지에에게 평면은 형태 발생기이다. 앞에 열거한 목적을 향한 수단으로 르 코르뷔지에는 규준선 개념을 주장하였다. 이것을 공간 측면에서 보면, 질서를 유도하는 3차원 기하학을 의미하였다. 이 질서를 지각하면 관찰자의 마음속에 어떤 감정이 불러일으켜지며 관찰자를 감동시킨다. 르 코르뷔지에는 베를라헤처럼 건축은 질서이며 조화는 비례의 일반 법칙을 지켜야 얻을 수 있다고 믿었다.

177) Le Corbusier, New World of Space, Reynal & Hitchcock, N.Y, 1948. pp.7-9. 같은 내용이 그의 [The Modulor] pp.30-32에도 있다.

4. 데 스틸(De Stijl)

20세기 예술운동 중에서 공간 개념을 미학 원리로 선언한 운동은 네덜란드의 데 스틸 이었다. 데 스틸은 네덜란드어로 '양식' 이라는 의미이다. 같은 이름으로 잡지도 창간되었다. 이 예술가 집단은 미학적 업적을 크게 남겼다. 특히 공간개념에서 그렇다. 회화나 조각 그리고 건축에서도 공간개념은 데 스틸 운동의 주요 관심사였다. 정신적 개념인 공간은 신조형주의(Neo-Plasticism)라는 이름으로 데 스틸 구성원들의 예술적이며 철학적 표현이었다. 그들은 시대정신을 형태와 색채 그리고 공간을 적극적으로 받아드렸다. 데 스틸 운동은 기하학적 형태와 기본색상 같은 시각적 기본요소로 추상적이고 절제된 미학을 수용하였다. 그것은 아르 데코(Art Deco)의 장식 과잉에 대한 반작용이었다. 데 스틸의 절제된 표현은 새롭고 영적 세계질서의 시대에 적합한 보편적 시각언어로 구상되었다. 이들은 데 스틸 잡지에 혁신적 아이디어를 홍보하면서 형태와 기능의 이상적 융합을 구상하여 데 스틸을 사실상 최상의 스타일로 만들었다.

잡지 [데 스틸] 창간호에서, 반 되스버그(Theo van Doesburg, 1883-1931)와 공동 발행인인 레크(Bart van der Leck, 1876-1958)는 새로운 공간 개념은 회화에서 최초로 발견되었다고 밝히고 있다. 물론 회화의 요소는 공간과 평면이다. 그러나 회화에서 공간의 연속성을 하나의 평면 위에 표현할 수 있었음은 투시도법을 파괴하였기 때문이라고 레크는 말했다. 그에게 건축은 회화의 평면을 3차원으로 확장한 것이며, 달리 표현되었어도 회화와 연관되었다. (그림 30)

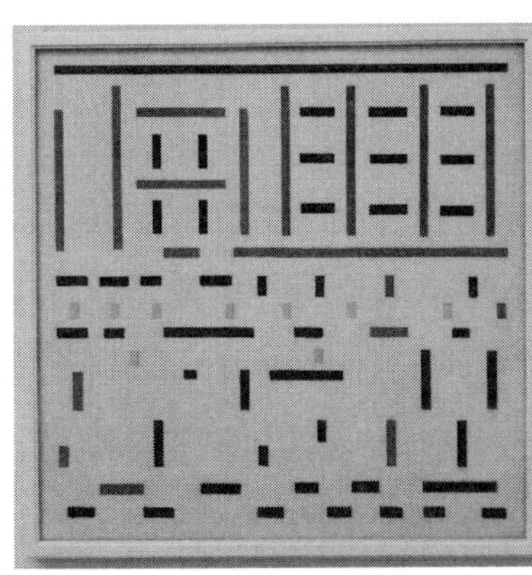

그림 30. 레크(Bart van der Leck), 구성 No3. 공장을 떠남(1917). 훗날 기능주의 도시배치와 놀랄 만큼 닮음.

데 스틸 예술가들은 물질 감각의 경험 표현에는 관심이 없었다. 추상 작용만을 창조의 충동으로 인식하였다. 외부 감각세계의 모든 외관은 순수하게 비물질적으로 표현되었다. 이런 개념을 표현하는 수단은 평면과 공간이었다. 이 운동의 미학적 원천은 반 되스버그였다. "예술가는 순수한 미학으로 세상의 이미지를 표현해야 한다"고 그는 주장하였다. 이러한 새로운 의식은 공간개념으로부터 나왔다. 그는 추상작용만을 창조의 충동으로 인식하였다. 그것은 보링거(Wilhelm Worringer, 1881-1965)의 '추상작업과 감정이입' 과는 다른 것으로 몬드리안(Piet Mondrian, 1872-1944)의 방법과 같았다. 반 되스버그는 4차원이나 n차원의 개체로서 공간 개념을 표현하여, 이를 시각예술의 중심 문제로 삼았다. 그는 시간과 공간이 잘 지각되도록 건축의 색채를 연구하였다. 서로 다른 색채들은 긴장을 일으키는데, 그것은 곧 에너지였다. 색채는 공간으로 확산하는 긴장을 창조한다. 죽어있는 공허가 색채에 의해 생명력을 얻는다.

반 되스버그는 주변의 모든 것들을 공간의 문맥으로 표현하였다. 심지어 리트벨트(Gerrit Thomas Rietveld, 1888-1964)의 유명한 '붉은색과 푸른색의 의자(그림 31)를 본 후 시 읊듯 선언할 때도 그러하였다. '공간으로 한정된 공간, 공간의 상호관입, 공간의 신 ... 늘씬한 공간 동물 ...' 또 같은 해 1920년에 '나는 공간이다' 라고 말할 때에도 그 개념을 자신으로 의인화하였다. 그리고 1924년에 반 되스버그는 '조형적 건축을 향하여(Toward a Plastic Architecture)' 라는 선언문을 발표하였다.[178] 반 드 벤은 이 선언문으로 건축에서 최초로 시공간 개념을 실현시킨 이가 반 되스버그임을 알리고 있다.[179]

이렇게 데 스틸파의 미학적 배경을 이루는 원천은 그 그룹을 열성적으로 이끌었던 테오 반 되스버그의 초기 논문들이었다. 그러나 데 스틸파가 비물질화를 그들의 미학 이론으로 완성할 수 있었던 것은 몬리드리안 덕분이었다. 그러나 후에 이들은 드 스테일 속에서 각기 다른 유파를 형성하였다. 즉, 몬드리안은 신조형주의 철학을 그리고 반 되스버그는 요소주의 이론을 대변하였다.[180] 반 되스버그에게는 무엇보다 공간 안에서 사람의 움직임이 중요하였다. 그는 인간은 고정된 한 점에서 정적으로 하나의 이미지만을 바

---

178) 반 되스버그는 선언문에서 자신의 건축신조를 16개 항목에 걸쳐 밝히고 있다. 거기에는 건축에서의 공간과 시간이 언급되었다. 그 선언문은 1926-1927년의 '요소주의자 선언' 의 전조였다. 선언문 10항과 11항은 다음과 같은 중요한 설명이 포함되어 있다. 10. 공간과 시간, 새로운 건축은 건축의 양상으로서 공간뿐만 아니라 시간도 고려한다. 시간과 공간의 통일은 건축의 외관에 새롭고 완전한(시간과 공간이 형성하는 4차원의) 조형적 양상을 부여한다. 11. 새로운 건축은 반육면체(anti-cube)적이다. 즉, 그것은 단일의 폐쇄된 육면체 속에 다른 기능의 공간 단위를 포함시키려고 애쓰지 않는다. 그러나 육면체의 중심에서 기능적 공간을 표출한다. 따라서 높이, 폭, 깊이에 시간이 더해져 개방된 공간에서 완전히 새로운 조형 표현이 된다. 이렇게 하여 건축은 다소 융통성 있는 양상을 얻게 되며, 그것은 소위 중력이라는 자연의 힘에 반해서 표현되었다.

179) Cornelis van de Ven, 앞의 책, pp.264-267.

라본다고는 생각하지 않았다. 대신 시간-공간개념의 창조적 회화는 관찰자가 모든 공간의 경험을 가지도록 자극하였다. 대각선의 도입은 당연하였다. 결국 이 두 예술가의 갈등은 공간 개념에서 비롯되었다.

'공간 표현' 은 주관적 개념에서 보면 건축과 조각에서는 3차원 구성이 필연적이지만, 회화에서는 3차원의 공간은 2차원으로 변형되어야 한다. 그 근거는 캔버스에 적응하는 데 필요할 뿐만 아니라, 형태와 공간의 자연스런 표현을 파기하기 위함이었다. 결국 몬드리안은 평면을 고집하였고, 반 되스버그는 건축을 수단으로 4차원의 시간-공간 연속체를 신봉하였다. 두 사람의 공간개념은 정반대여서 데 스틸 운동이 결렬되는 원인이었다.

몬드리안에게 공간은 예술의 기본이었다. 공간은 모든 현상계의 최소 물질이었다. 예술은 비물질화 과정이며 그것은 사색을 통해 얻어진다. 분명히 몬드리안은 헤겔 철학에 빠져 있었다. 그에게 예술은 우주를 알 수 있는 수단으로 마치 종교와 같았다. 그는 '운동의 개념' 그리고 '운동의 가장 자연스러운 표현인 곡선' 을 받아들일 수 없었다. 몬드리안에게는 사선도 지나치게 동적이었다.181) 몬드리안은 자연스러운 공간의 표현이 건축이라고 생각하였다. 그럼에도 그는 건축을 공간 속의 그저 단순한 구조라 생각하였으며, 순수한 조형이 되려면 완전히 변형되어야 한다고 생각했다. 때문에 몬드리안은 건축

---

180) 몬드리안의 신조형주의 철학은 데 스틸 미학의 기초를 형성하였다. 그의 순수주의 정신은 실체를 평면과 수직, 수평, 그리고 기본색이라는 세 가지 요소로 추상화하였다. 반면 반 되스버그는 평면의 한계를 초월하려고 하였다. 더구나 자신의 개념을 공간적 3차원으로 표현하기 위하여 건축을 택하였다. 그는 대각선에 매혹되었다. 몬드리안의 단순한 수직선과 수평선은 너무 정적이어서 반 되스버그를 만족시킬 수 없었다. 결국 몬드리안은 1925년 그룹에서 탈퇴하였고, 반 되스버그는 자신의 길을 계속 추구하여 이듬해에 '요소주의' 를 선언하였다. 물론 요소주의는 신조형주의의 시간과 공간의 존재를 기본으로 인식한다. 그러나 신조형주의는 그 표현 가능성을 2차원(평면)에 한정시킨다. 반면에, 요소주의는 4차원, 즉 시간 공간의 영역 속에서 조형주의의 잠재력을 실현시킨다. 반 되스버그는 건축에서 시간과 공간이 잘 지각될 수 있도록 색채의 효과를 연구하였다. 서로 다른 색체들은 긴장을 일으킨다. 그것은 곧 에너지가 된다. 색채는 공간으로 확산하는 긴장을 만들어서 죽어 있는 공허를 생명력 있는 공간이 되게 한다.

181) 모든 예술은 자연 그대로의 외관에서 완전히 해방되어야 했다. 그러므로 몬드리안은 곡선의 모든 표현을 직선과 사각형 그리고 색과 평면으로 축약시켰다. 공간의 자연스러운 외관도 역시 파괴되어야 했다. 그는 반 되스버그처럼 4차원으로 회귀하는 대신, 모든 표현을 2차원 평면으로 변형하였다. 몬드리안은 건축을 지향했던 반 되스버그의 경향을 따르기를 주저하였다. 몬드리안은 건축과 같은 실용적 분야에 '새로운 조형' 의 엄격한 원칙들을 적용하는 것은 성급하다고 느꼈다. 물론 조형성은 회화에서 필요하다. 그런데 회화는 평평한 표면 위에 공간을 창조해냄으로 자연적인 것과는 다른 조형성을 요구한다. 몬드리안은 평면에 착시를 일으키는 평면 구성으로 사물의 물질성을 변경시켜 새로운 조형성을 찾아낸다. 이 평면들은 차원(선)과 명암(색)을 사용하여 시각적 투시도법 없이 서로 균형을 이루어 공간이 창조된다. 차원과 명암은 순수한 관계를 형성하기 때문이다, 즉 높이와 폭은 원근법에 맞추지 않아도 서로 대조되며, 그 공간의 깊이는 평면들의 다양한 색으로 나타낼 수 있어서이다.

을 뛰어넘어 공간적 실체의 정신적 이미지에 관심이 있었다.

이러한 이미지란 쉔매커스(Mathieu Hubertus Josephus Schoenmaekers, 1875-1944)에게는 어떤 경우에든 2차원적인 것이었다. 사실 4차원의 개념은, 물리학자들의 과학적 시간-공간의 연속체라는 개념과는 별개로, 신비적 심령가 집단에서도 중요하게 취급되었다. 또 1880년대에는 4차원이라는 호기심을 자극하는 표제의 책들도 간행되었다. 신조형주의 운동은 입체파 회화와 신비주의 수학자이며 신학자인 쉔매커스의 신플라톤주의 철학에서 온 '이상적 기하학 형태', 예를 들면 '완벽한 곧은 선' 에 대한 개념에서 영향을 받았다.

신조형주의자들은 영적 조화와 질서가 담긴 새로운 유토피아의 이상을 표현할 길을 찾았다. 그들은 형태와 색상의 본질적 요소로 단순하며 순수한 추상성과 보편성을 추구하였다. 또 수직과 수평으로 시각적 구성을 단순하게 하였고 검정과 흰색과 원색만을 사용했다. 이러한 새로운 조형적 발상은 외형의 특성, 다시 말하자면, 자연적 형태와 색상을 무시하였다. 반면에 형태의 추상화, 즉 곧은 선과 명료하게 정의된 원색을 통해 그 표현 방법을 찾아야만 했다. 그렇다면 데 스틸에 대한 특성은 다음과 같이 요약될 수 있다. "데 스틸은 비대칭적으로 복합된 직선과 정사각형, 직사각형의 기하학적 기초 원리 위에 굳건히 위치한다. 또한 검정과 흰색과 순수한 원색(빨강, 노랑, 파랑)을 주로 사용하며, 비사실적 형태들과 선들의 배열을 통해 양적 요소와 음적 요소 사이의 관계를 보여준다." 이렇듯 많은 3차원 신조형주의 작품들에서, 수평선과 수직선은 서로 엇갈리는 층이나 평면에 위치한다. 결국 각각의 요소들은 독립적으로 존재하고 다른 요소들에 의해 방해받지 않는다. 이러한 특징을 리트벨트의 의자(1917, 그림 31)와 슈뢰더 주택(Schröder House, 1924, 그림 32)에서 볼 수 있다. 음악에서도 신조형주의는 몬드리안의 가까운 친구인 작곡가 야콥 반 돔셀러(Jakob van Domselaer, 1912-1960)의 작품에 영향을 미쳤다.[182] 건축에 신조형주의가 끼친 영향은 1931년 이후에도 오랫동안 남아있었다. 특히 미스 반 데어 로에(Ludwig Mies van der Rohe, 1886-1969)는 신조형주의의 개념을 지지한 인물이다.[183]

---

182) 1913년에서 1916년 사이, Jakob van Domselaer는 '예술 양식적 실험들(Proeven von Stijkunst)'을 작곡하는데 이는 몬드리안의 회화에서 영감을 받은 것이다. 미니멀리즘의 이 혁명적 음악은 '수평과 수직'의 음악 요소를 정의하고 그 둘의 조화를 이루려고 했다.

183) 1923년에서 1924년 사이, 리트벨트는 슈뢰더 주택을 설계하였다. 신조형주의 원리에 따라 완공된 그의 건물은 로테르담(Cafè De Unie)과 후크 판 홀란드에서도 찾아 볼 수 있다. 신조형주의 작품들은 건축의 바우하우스와 국제주의 양식, 그리고 의복과 인테리어 디자인 등에 영향을 주었다.

그림 31. 리트벨트(Gerrit Rietveld), 붉은색과 푸른색의 의자 : 의자 밑면에 이렇게 쓰여있다. "나는 앉을 때 육체가 좋아하는 대로 앉고 싶지 않고 영혼이 앉은 것처럼 앉고 싶다."

그림 32. 리트벨트 슈뢰더 주택. 위트레흐트(1924), 정원에서 본 전경

5. 러시아 절대주의와 구축주의

러시아 절대주의(Suprematism)와 구축주의(Constructvism) 운동의 공간개념은 제 1차 세계대전 수년 전 서유럽의 입체-미래파(Cubo-Futurist)의 영향으로 시작되었다.[184] 당시 공간에 대한 인식은 입체파의 2차원의 회화적 평면에서 점차 절대주의의 3차원의 조형적 표현으로 발전되었다. 이러한 3차원성은 회화, 조각, 건축 간의 전통적 구분을 무너트렸다. 마치 네덜란드의 데 스틸 운동 같았다. 이 새로운 개념은 러시아에서도 논쟁을 일으키면서, '화가' 와 '건축가' 사이를 벌어지게 하였다.

절대주의는 폴란드 유대계 우크라이나의 화가 카시미르 말레비치(Kasimir Malevich, 1878-1935)에 의해 1913년에 시작되었다. 그가 큐비즘으로 전환한 다음 해였다. 그는 전통적 '이젤 회화' 에서 '공간 회화(spatial painting)' 를 구별하였다. 그러나 공간적 회화 수법에서 공간은 목적이 아니라 표현 수단으로 작용하였을 뿐이었다. 공간적 차원은 이전의 평면적 구성을 입체적 구축으로 바뀌었다.[185] 회화의 2차원에서 공간을 인식하기 위한 밀레비치의 방법은 원근법을 무시하여 얻는 형태의 움직임이었다. 결국 그것은 앞뒤로 무한히 확대되는 공간감으로 중력에서 벗어난 형태들이 색채의 시각적 효과를 통해 서로 밀고 당기는 우주공간의 느낌을 주었다. 말레비치는 3차원이 2차원에 투영될 수 있다면 4차원도 3차원에 투영될 수 있다고 주장하였다. 그것은 몬드리안의 작품에서 발전된 듯한 2차원성의 추구였다.[186]

한편 구축주의는 화가이자 조각가였던 타틀린(Vladimir Tatlin, 1885-1953)에서 비롯되었다. 그는 1913년 파리에서 피카소와 아르키펜코(Alexander Arkhipenko, 1887-1964)의 작품을 본

---

184) '구축주의' 는 종래의 '구성주의' 를 대신한다. 러시아 미술사에서 구성(composition)과 구축(construct)을 구분하기 때문이다.

185) 말레비치는 1920년대 초반에 '아키텍톤(Architekton, 그림 36)' 이란 작품을 제작하여 러시아의 새로운 인식을 보여주었다. 그것은 네덜란드의 반 되스버그와 프랑스의 르 코르뷔지에와 같은 노선으로, 회화의 3차원적 표현을 존중하는 것이었다.

186) 그는 반 되스버그의 이론과 큐비즘의 영향을 받아 나름대로 5차원을 다루었다. 그러나 그의 생각은 모호하였다. 그는 5차원이나 6차원은 예술이 질식해 버리는 육면체를 형성한다 하였다.

후, 공간적 큐비즘 개념을 러시아에 소개하였다. 타틀린은 2차원적 회화를 거부하고, 입체파의 3차원적 회화 방법인 '반부조(反浮彫, Contre-Reliefs)'를 발전시켰다(그림 33). 이러한 부조는 조각이 아니었다. 회화적 감각에서 발전되었기 때문이다. 이런 회화형식을 말레비치는 '공간적 큐비즘(Spatial Cubism)'이라 하였다. 그것은 공간상의 회화적 구성이기도하다. 이는 구축주의 운동으로 유도되어 러시아혁명 이후에 근대적이며 국제적 구축주의 운동으로 모스코바 혁명 정권의 공식건축이 되었다

그림 33. 타틀린(Vladimir Tatlin), 반부조

말레비치는 타틀린을 러시아의 공간적 큐비즘 창시자라 하였다. 하지만 타틀린은 자신의 공간 개념에 대해 명확한 이론을 갖고 있지 않았다. 그는 1913년에 구축주의란 어휘를 만들었다. 이 어휘는 그가 예술작품에서 공간의 개방성보다는 구축적 집합을 더 선호하였기 때문이었다. 타틀린의 가장 유명한 작품은 공간적 '제3인터내셔날 기념탑(1919-1920)' 디자인이다(그림 34). 그것은 정치적 소통의 상징이며 또 근대 우주 공간질서에 대한 관심이었다. 나선형의 경사진 축은 지구의 축과 같기도 하다.[187] 재료와 운동의 표현 그리고 정치선전을 위한 비건축적 수단의 적용 등, 모든 것이 공간의 순수한 이데올로기로서 타틀린에게는 중요하였다.

그림 34. 타틀린 제3국제기념 조형탑

공간 개념에 대해 분명한 관심을 갖고 있었던 사람은 말레비치의 절대주의 추종자였던 엘 리저 리씨츠키(Eleazer M. Lissitzky, 1890-1941)와 조각가 나움 가보

---

187) 타틀린의 제3인터내셔날 기념탑-탑은 나선형이라는 주제를 사용하였다. 그 내부에는 점차적으로 작아지는 플라톤의 입체를 연속적으로 배치하였다. 천년지복의 본질로서 철이나 유리나 기계화된 움직임이 수사론적으로 나타나고 있다. 이는 러시아의 전위건축의 두 가지 경향을 예고하고 있다. 그와 같은 환상적 구조는 그 당시 소비에트 공학기술의 능력 너머에 있었다.

그림 35. 말레비치(Kasimir Malevich), 절대주의 건축(1923)

(Naum Gabo, 1890-1977)였다. 가보는 형태 중심에서 공간으로 확장된 열린 조각으로, 빈 공간을 작품의 조각요소로 실현시킨 조각가로서, 바우하우스에서 가르치기도 하였다.[188] 한편 리씨츠키는 말레비치가 주장한 공간개념의 중요성을 이해한 첫 사람이었다. 그는 어떠한 시 공간 현상의 표현도 3차원 표면의 한계를 벗어날 수 없음을 알았다. 실제로 동적 특성의 환영(幻影)이 나타날 수도 있지만, 그 표면은 정적이며 3차원 그대로이다. 절대주의 예술이 이러한 모순 때문에 그는 이 공간개념을 비합리적이라 하였다.(그림 35)

리씨츠키는 1925년에 논문 [A와 범기하학(A and Pangeometry)]에서 하나의 공간개념을 완성시켰다. 거기에서 네 가지 공간개념을 말한다. 그가 정의한 최초의 공간은 다음과 같다. 1) 평판적 공간(Planimetric Space) 2) 투시도적 공간(Perspective Space) 3) 비합리적 공간(Irrational Spce: 다차원적으로 결합된 시공) 4) 상상적 공간(Imaginary Space)이다.

리씨츠키의 이러한 공간분류는 20세기 공간개념 이해에는 중요하다. 예술적 실험을 통해서 공간개념을 지향하는 세 번째 주요한 명제가 이렇게 구체화된 셈이다. 우리가 이전에 분석하였던 명제는, 첫째는 슈마르조브-브링크만-기디온의 범주로 이어지는 공간-형태와 이의 상호관입이고, 둘째는 아인슈타인에 의한 장소-공간-역동적 장(place-space-dynamic field)의 3단계 범주였다. 20세기 공간개념에 따르는 여러 이념들은 세 번째에의 지각적 관점에서 리씨츠키의 간명한 이론에 의해서 정의되었다. 그것은 2, 3 또는 4차원적 공간으로서 공간의 '이미지'라는 명제로 정의되었다.

---

188) 가보는 1910년에서 1914년 사이에 뮌헨에서 공부하며 뵐플린의 예술사 강의를 들었다. 공간에 대한 뵐플린의 견해를 접한 것에 더하여, 가보는 이 기간 동안 물리학의 새로운 공간 개념 특히 아인슈타인이 전개시킨 공간 개념에 대한 격렬한 논쟁들도 목격하였다. 가보는 큐비즘이나 미래주의에 찬동하지는 않았다. 이 두 운동들은 그에게 너무나 분석적이었다. 그에게 예술의 미래는 구성주의였으며 새로운 세계를 적극 건설하는 것이었다.

이렇게 러시아는 새로운 공간개념을 전개시키는데 든든한 기반을 형성하였다. 놀랍게도 이들 미술역사가와 전위예술들은 서로 직접 정신적 교류 없이 힐데브란트에서 시작된 노선을 따르고 있었다. 이는 공간 개념이 20세기 초 시대정신의 고유한 요소가 되었음을 알려주는 증거이기도 하다.

한편 당시 러시아의 아방가르드는 예술을 통해서 소비에트의 사회이상을 실천할 수 있다고 믿었다. 그러기 위해서 이들은 볼셰비키의 거대한 정치세력을 원했다. 이를 이용하여 행복한 순간도 맛보았다. 그러나 레닌의 죽음과 함께 혁명의 영웅시대는 끝났다. 아방가르드가 더 필요 없는 상황에 이른 것이다. 우주의 초월 지향적 사고관은 정신이나 초자연적이건 모두다 물질로 구성된 것이라는 유물론에 기반을 둔 공산당 정치와는 함께할 수 없었기 때문이다. 건축도 예외는 아니었다.[189]

그러나 러시아의 아방가르드 집단의 영향은 컸다. 말레비치에서 그 증거를 볼 수 있다. 그는 혹독한 정치 공격을 받아 말년에는 정치적 구상 작품으로 돌아갔지만, 주제는 늘 현실세계를 초월해 우주와의 합일을 이루고자 하는 인간이었다. 이런 말레비치의 절대주의는 당시 유물론을 기반으로 물질주의 풍조(기능주의 풍조)에 휩쓸리지 않고 초월 세계로 지향하였다. 당연히 그의 작품은 러시아 모더니즘 미술과는 차별되는 독특한 위치에 있었다. 그의 진정한 실험은 이후 전혀 다른 방향으로 시작된 러시아의 구축주의에도 큰 영향을 미쳤다. 그 정신은 제자 엘 리씨츠키를 통해 이후의 사조인 데 스틸과 바우하우스에도 영향을 미쳤다.

---

189) 레닌은 프롤레타리아 문화가 '자본주의의 사회에서 인류가 얻은 결과를 유기적으로 이용'하도록 주장했다. 그러나 스탈린 시대는 달랐다. 주거문제에서 OSA(Organization of Contemporary Architects : Sovremmennia)의 결정에서도 볼 수 있다. OSA가 주관한 현상설계에 제안된 OI, Ivanov, Lavinsky의 중복도의 복층으로 연결된 복합형 집합주택 안(1927)은 걸출하였으나 실현되지 못했다. 그러나 수십 년 후르 코르뷔지에의 유니테 다비타시옹(1946-52)에서 실현된다. 결국 OSA는 대규모 계획을 구체적으로 제안하거나 적절한 주거건물 유형의 전개에 실패하였다. 이런 실패는 스탈린의 국가권력에 의한 검열이나 관리로 소비에트연맹에서 '현대'건축이 붕괴되는 결과를 초래하고 말았다. 결국 소비에트건축은 당시 나타나고 있던 역사주의라는 퇴행에 참여하면서 '결혼케이크 건축'이라는 조롱을 받게 되었다.

6. 바우하우스

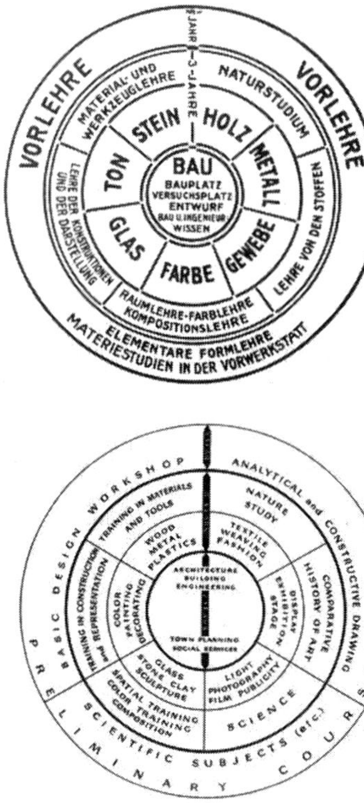

그림 36. 그로피우스(Walter Gropius), 바이마르 바우하우스 커리큘럼과 시카고 뉴 바우하우스 커리큘럼의 다이어그램.

공간개념은 브링크만과 죄르겔 이후, 특히 오스발트 슈펭글러의 〈서구의 몰락(Der Untergang des Abendlandes, 1918 : 박광순 역, 범우사, 1995)이 출판된 후 독일에서는 일반화된 주제였다. 바우하우스 교과과정에도 기본 구성요소로 확고히 자리 잡게 되었다(그림 36). 바우하우스는 20세기 예술교육에 크게 기여하였다. 그 중심은 창립자 발터 그로피우스였다. 그는 1919년 예술아카데미와 응용예술학교를 병합하여 미래가 촉망되는 젊은 예술가들을 바이마르(Weimar)에 초청하여 협동체를 만들었다. 바우하우스의 예술운동은 다양하였다. 표현주의, 큐비즘, 구축주의, 미래주의, 신조형주의 형성이 그 근원이었다. 그 흔적은 '바우하우스 스타일' 이라는 호칭에서도 볼 수 있다.[190] 풍부한 기록물에서 그런 사실들을 확인할 수 있다.

그로피우스는, 헤르만 죄르겔의 견해처럼, 세 가지 인간의 속성인 영혼과 정신 그리고 감각이 동시에 통합되어야만 공간의 실재를 경험한다고 생각하였다. 때문에 예술가들은 이들 속성의 종합에 의해서 공간을 창조할 수 있다고 결론지었다.[191] 그로피우스가 공간개념을 체계적으로 분석한 흔적은 1923년의 바우하우스 교과과정에서 볼 수 있다. 그는 공간 개념의 네 가지 양상 즉 환상적, 수학적, 물질적, 정서적이며 예술적 공간을 열거하였다.[192] 그로피우스는 이렇게 비물질적이며 가상적 공간 개념에서 출발하였다. 그는 이

---

190) 바우하우스(Bauhaus)라는 명칭은 '짓기' 또는 '지은 것' 이라는 뜻의 Bau와 집을 뜻하는 Haus의 합성어이다. 그러나 집을 짓는다는 뜻이 아니라 '짓는 곳(Bauplatz)' 으로 그로피우스는 정의하였다. 집만 짓고자 한 것이 아니라 모든 예술과 공예 분야를 '짓는 행위' 로 파악하기 때문이다. 그로피우스는 1919년 예술아카데미와 응용예술학교를 병합하여 미래가 촉망되는 젊은 예술가들을 바이마르에 초청하여 협동체를 만들었다.

191) Hermann Sögel, Einfürung in die Architektur-Äthetik, Müchen, 1918.

192) Bauhaus, MIT, 1969.

마지막 예술적 공간 개념에 의해, 인간의 정신과 영혼 그리고 인간의 물리적 환경 세계를 하나로 융합시켰다. 그러나 그로피우스는 이런 시도 이후 4반세기나 지난 1947년 "디자인의 과학은 존재하는가?"라는 질문을 던졌다. 그는 자신의 네 가지 초기의 공간 개념들은 더 이상 쓸모없다 하였다. 디자인의 과학은 처음부터 그가 놓쳐버린 것으로, 인식적 공간 속에 모두 포함되어야 한다 하였다. 그는 '감각은 자신에게서 비롯되지, 우리가 보는 대상물에서 나오지 않는다' 하였다.[193] 특히 관심을 끄는 것은 그의 공간개념에 대한 관점이다. 그는 건물형태들과 둘러싼 빈 곳 사이의 올바른 관계야말로 건축의 본질이라 하였다. 또 그로피우스는 공간을 유한한 실체까지 해체하여 무한공간을 이해해야 한다고 되풀이하고 있다.[194]

바우하우스에서는 처음 4년간(1919-1923)은 표현주의적이며 신비로운 경향이 지배적이었다. 그러나 바우하우스의 기존 구성원들이 1923년에 표현주의 경향에서 벗어날 수 있었음은 네덜란드의 데 스틸의 지도자였던 반 되스버그의 영향이었다.[195] 힐베르자이머(Ludwig Hilberseimer, 1885-1967)도 10여 년간 건축에 만연된 표현주의 성향들을 제거하려 하였다.[196] 그는 새로운 공간감을 표현하면서 구축주의 건축을 보여주었고, 이를 1924년 마천루 도시에서 시각화하였다. 그는 건축을 어떤 개념에 대응하는 물질 구성체로 보았다. 그는 또 건축을 내 외부공간의 관계에서 표현하였다. 이는 입체적 형태의 율동적 구성과 같은 것이라고 인식하였기 때문이다.[197]

미스 반 데어 로에도 같은 역할로 바우하우스 교육에 영향을 주었다. 그는 새로운 공간의 표현을 고안하였다. 그것은 새로운 재료와 기술로 육면체의 네 모퉁이를 해체하여 얻었다.

---

193) Walter Gropius, Scope of Total Architecture, 1956 ; 생활공간의 창조, 최준식 역, 한국이공사, 1979, p.32

194) 같은 책 p.43. 그는 다음과 같이 말하고 있다. "우리는 공간이라는 좌표계에서만 공간과 그 크기를 이해한다. 열려 있거나 닫혀있건 한정된 공간은 건축의 매체이다. 건물 형태들과 둘러싼 빈 곳 사이의 '올바른 관계'야말로 건축의 본질이다. 이는 명백한 사실임에도 사람들은 이 관계를 전혀 인식하지 않는다. 심지어 훈련된 건축가조차 단순히 관습적으로 디자인하고 있다면, 그도 역시 공간이 건축 구성에서 중요한 부분이라는 것을 무시하고 있는 셈이다."

195) 반 되스버그는 1921년에서 1922년에 걸쳐 객원교수로서 그리고 1922년 바이마르에서 그가 조직한 구성주의자 회의를 통해 바우하우스 교육에 개입하였다. 그러나 교수로는 임용되지 못하고 대신 1923년에 모홀리-나기가 임명되었다.

196) 바우하우스가 1925년 데사우로 이전된 3년 후 그리피우스의 퇴임으로 후임이 된 마이어는 힐베르자이머를 바우하우스 교수로 임명(1929)하였고 본인은 1938년 시카고 IIT 도시계획 교수가 되었다.

197) Ludwig Hilberseimer, Großstadt Architektur, Stuttgart, 1927 ; Contemporary Architecture, Its Roots and Trends, Paul Theobald, Chicago, 1964 ; 편집부 역, 현대건축의 원류와 동향, 산업도서출판, 1977

미스는 생활, 변화, 그리고 새로움이 표현되는 시대의지로 건축을 추구할 것을 주장하였다. 이와 같은 견해는 뵐플린의 '생활감정(Lebensgefül)' 이나 리글의 '예술의지(Kunstwollen)' 를 연상시킨다.[198] 미스는 공간미학이나 4차원에 대한 신조형주의 철학과는 단절되어 있었다. 그럼에도 반 되스버그의 요소와 형태 구성에 영향을 받았다. 베를린으로 옮겨진 바우하우스마저 폐교된 1933년 이후, 미스가 1938년 독일을 떠나 미국 시카고의 AIT(Armour Institute of Technology, IIT 전신)의 학부장 취임 후에도 여전하였다. 그는 기능을 통해 물질에서 정신적 아름다움에 이르도록 학생들을 지도하였다. 미스는 비트루비우스의 3요소인 견고성(Firmness), 편의성(Comoditas), 심미성(Venustas)을 물질적 위계로 재편성하였다.[199]

건축은 가장 단순한 형태의 단계에서는 기능이 우선된다. 그렇더라도 정신적 실재의 최고가치는 모든 단계를 거쳐야 순수예술의 영역에 도달할 수 있다. 그렇게 미스는 물질에서 기능을 통해 창조적 작품에 이르도록 학생들을 이끌었다. 이러한 철학은 바우하우스 교과과정의 핵심이기도 하다. 그것은 또 모홀리-나기가 저서 [새로운 비전(The New Vision, 1928(1947), Wittenborn, Schulz, Inc. New York (물질에서 건축으로; From Material toward Architecture)에서 밝힌 바와 같다. 거기에서 공간개념은 과학으로서의 건축으로 절정에 이르면서 20세기 1920년대 초중반에는 바우하우스 교육의 중심개념이 되었다. 이 책에는 바우하우스의 수년간의 연구 성과의 수록으로 그 귀중함 물론 기디온의 [공간, 시간, 건축 (Space, Time and Architecture, Harvard, 1941)]에도 큰 영향을 주었다. 이렇게 공간이 건축의 화두가 된 것은 주로 그로피우스와 그의 협조자 모홀리-나기의 공헌이었다. 그들이 독일을 떠나 미국으로 망명하였을 때 바우하우스의 개념도 옮겼다. 그 결과 바우하우스 시대의 공간개념 역시 서양세계에 증식되었다.[200]

공간이란 물체들의 위치간의 관계이다. 때문에 건축의 경험은 공간을 파악하는 우리들의 감각 능력에 달려 있다. 이 명제는 또한 인간의 모든 감각의 종합에 의해서만 경험할

---

198) Cornelis van de Ven, 앞의 책, p.297

199) 1938년 미스의 아모아 공대 건축학부장 취임 연설

200) 모홀리-나기 철학의 구조를 이루는 것은 유물론이었다. 그것은 평면(회화)으로부터 볼륨(조각)을 거쳐 공간(건축)으로 유도되었다. 이러한 과정은 미스(Mies van der Rohe)가 1938년 시카고에서 새롭게 출발할 때 추구하였던 과정과도 같았다. 모홀리-나기는 특히 시간-공간 개념과 4차원이라는 새로운 주제를 분석하는데 전념하였다. 그는 조각과 건축이라는 3차원적 형태분석을 통해, 그 때까지 확립된 독일의 관념을 기준으로 공간개념을 받아드리고 있었다. 건축이란 어휘는 제거되고 공간이라는 표제로 대신 되었다. 약 25년 전의 리글의 명제가 다시 근대 기능주의 운동의 창조적인 예술가에 의해 재인식되었다. : Moholy-Nagy, The New Vision, NY 1947, p.56.

수 있음을 말한다. 관심 있는 관찰자가 의식적으로 경험을 쌓는다면, 공간의 표현인 건축의 본질 내용을 충분히 인식하게 된다고 모홀리-나기는 말하고 있다. 그는 건축과 조각의 구별을 없앴다. 물론 공간 개념은 양쪽 모두 같다. 단지 그 크기가 서로 다를 뿐이다. 이렇게 구별이 없어지면서 시간의 4차원을 도입한 '움직이는 조각(kinetic sculpture)' 은 더욱 강조되었다. 이는 최근 물리학에서 발견된 '물질은 에너지와 같다' 는 사실을 시각화한 것이었다(그림 37). 이것은 건축에서도 형태를 강조하는 대신 공간을 통해 힘의 장(場)을 강조함을 의미하였다. 결국 모홀리-나기는, 물질의 성질은 공간을 창조하는 유일한 도구로 결론지었다. 사실 공간의 창조란 건축물을 구성하고 있는 물질의 성질을 훨씬 초월하는 것이다. 그것은 이념이었으며 정신에 의해 좌우된다. 이렇게 모홀리-나기는 역사를 변화하는 이념의 진화로 해석하여, 공간 개념의 문화적이며 시간제약의 한계를 설명하고 있다, 그는 닫힌 공간의 실체에서 내부가 공간으로 외부와 연결되어 공간의 연속체를 형성하는 오늘날의 투명한 구조로 발전하였음을 추적하였다.201)

그림 37. 모홀리-나기(Laszlo Moholy-Nagy), 빛-공간 조정기

그로피우스 역시 공간 개념을, 철학자나 과학자가 주장한 시간-공간 연속체로서 정의하고 있다. 그는 입체파나 미래파가 도입했던 시간의 4차원이란 예술적 어휘로 정의한다. 그는 건축의 시간-공간 개념을 모홀리-나기처럼 물리적 '공간 속의 운동' 이나 '운동 속의 비전' 으로 해석한다. 그에게 ' 운동 속의 비전 '은 넓은 면적에 유리를 사용하여 투명성

201) 1928년 모홀리-나기의 명제는 1947년 발표된 저서 [운동 속의 비전(Vision in Motion, 1947)]에 수정되어 반복되고 있다. 이 책은 그가 1937년 시카고에 설립한 뉴바우하우스를 IIT에 통합시킨 후 교과과정을 정리하여 출판한 것이다. 여기서 그는 다시 한 번 4차원과 관련된 문제들에 완전히 전념하고 있으며, 건축이라는 표제가 '공간 시간' 의 문제로 수정되어 있다. 이렇게 건축의 역사는 1차원, 2차원, 3차원 그리고 다차원 공간으로 단계적으로 이해를 확장시킨 체계를 이루고 있다. 마지막 단계는 운동속의 비전이며, 이는 자동차, 기차, 항공기처럼 움직이는 건축(mobile architecture)을 말한다. 이렇듯 공간에 대한 예술적 관심은 상대성 이론으로 이끈 물리학 발전에 맞추어, 과거의 정적이며 폐쇄된 체계로부터 인간 존재의 해방을 이끌어 왔다.

을 자아내며 떠있는 듯한 공간의 연속체로서 우리들의 인식 속에 착각을 유발시키는 것을 의미하였다. 그로피우스는 다시 한 번 건축가를 ' 공간의 과학 '을 다루는 거장으로 확신한다. 그러면서도, 과연 우리는 모든 사람이 사용 가능한 공간 분석방법을 정립하여 공간의 과학을 가르칠 수 있을까라는 도전적 질문에 해답을 찾고 있었다.202) 한편 그로피우스는 음악에서 유추한 해석방법으로 공간의 과학을 확립시킬 가능성에 매달렸었다, 그러나 건축은 그와 같은 과학적 객관성의 수준에는 아직까지 다다르지 못하고 있다. 그로피우스의 목표가 성취될 수 있을지는 여전히 의문이다. 과학적 방법이 인간 영혼이나 직관에 대한 시각적 만족과 그 표현에는 부차적이라는 사실 때문이다.

한편 1928년 그로피우스의 후임 마이어(Hans Meyer, 1889-1954)도 30년에 데사우(Dessau) 시당국과의 충돌로 바우하우스를 떠난 후, 미스 반 데어 로에가 바우하우스의 교장이 되었다. 그 역시 계속되는 나치스의 탄압으로 1932년 데사우에서 쫓겨난 후 베를린에 시립 바우하우스를 설립하였으나 그마저 1933년 나치스에 의해 완전히 폐쇄되었다. 그렇더라도 바우하우스의 이념은 망명한 교수나 졸업생들에 의해 계승되었다. 특히 미국에서의 바우하우스 시스템의 전개는 뚜렷하였다.203)

바우하우스의 예술가이자 철학자인 그로피우스와 모홀리-나기는 20세기 초부터 공간미학 발전에 마지막까지 헌신하였다. 1930년 이후, 문화적 변화, 즉 민족주의와 파시즘이 각 나라에 널리 퍼지면서 자유롭고 친밀한 사회에 대한 꿈을 질식시켰다. 20세기 초 10년간에 발생하였던 최초의 낙천주의는 서양문화에 공간이라는 새로운 개념을 가져다주었다. 1920년대의 번창했던 시기를 거쳐 낙천주의는 점차 쇠퇴하여 제 2차 세계대전의 참상 속에서 끝났다. 이전의 이념을 부활시키려는 시도는 시대정신, 즉 시대의지와 연결되지 못하였다. 그렇다고 단순히 절충적 노력 이상으로는 발전할 수 없었다. 이제 새로운 공간개념은 태어나기만 기다리게 되었다.

---

202) W. Gropius, 'In Search for a Common Denominate' in Thomas H. Creighton, Building for Modern Man, Princeton University Press, 1949.

203) 그로피우스와 바우하우스 1기생인 브로이어(Marcel Breuer, 1908-1994)가 가르친 하바드대학, 모홀리-나기가 설립한 시카고의 뉴바우하우스를 합병한 IIT는 미국의 건축 디자인 교육에 두드러진 영향을 끼쳤다. 또 독일에서는 바우하우스의 졸업생 빌(Max Bill, 1908-1994)에 의하여 1953년 울름조형대학(Ulm School of Design)이 설립되어 재출발했다. 바우하우스의 이념은 오늘날까지 지속적인 영향을 주고 있다.

7. 라이트와 르 코르뷔지에 (라이트의 깊이 그리고 르 코르뷔지에의 매스와 표면)

유럽에서는 당시 독일공작연맹의 영향으로 밀폐된 형태가 선호되고 있었다. 거기에 라이트의 유기적 '상자의 파괴'는 유럽 전위건축가들을 자극하였다.[204] 그때만 하여도 라이트는 개념으로서의 공간에 대해 어떤 언급도 하지 않았다. 그럼에도 건축가로 공간개념에 관심을 쏟고 이를 최초로 이론화한 베를라헤는 라이트를 높이 평가하였다. 베를라헤는 1911년 미국의 라이트의 작품을 답사한 후 그를 당대의 가장 위대한 건축가로 칭송까지 하였다.

1차 세계대전 이전 라이트의 건축은 주로 발생적이고 유물론적 형태였다. 그는 자연을 받아들이는 태도를 보일 뿐, 형태 내용에서는 어는 누구의 이념도 따르지 않았다. 유럽대륙에서 큐비즘의 동시성과 시간-공간의 이념도 라이트와는 무관하였다. 하지만 라이트의 건물들이 유럽의 근대건축에 미친 영향은 입체파의 이데올로기보다 더 컸다.[205] 1920년대 서유럽은 공간개념의 황금기였다. 그러나 라이트의 건축은 형태와 볼륨에 관심을 보이고 있었다. 그는 1920년대 말에서야 당시 유럽에서 이루어진 성과를 알게 되면서 독일의 공간 개념을 받아들이기 시작하였다. 1928년 라이트는 건축전문지 [Architectural Record]에 여러 해 연재한 '건축을 위하여(In the Cause of Architecture, 1908-1952)' 라는 논설에서 유럽의 국제주의 양식, 특히 르 코르뷔지에를 비난하였다. 두 가지 점에서였다. 라이트는 먼저, 건물은 기계를 지향하지 않기에 '주거를 기계로 생각할 수 없다' 하였다. 또한 그는 공간개념으로 르 코르뷔지에의 관심사인 '형태와 표면' 에 대하여 논박하였다. 라이트는 표면이나 형태를 진정한 생명으로 이끌 수 있는 유일한 기본요소는 깊이인데도 르 코르뷔지에는 '형태와 표면' 에 집착하여 3차원 깊이의 중요성을 무시하고 있다고 비난하였다.[206] 또

---

204) 라이트의 건축이 바스무쓰(Wasmuth)사의 작품도집(Ausgeführte Bauten, 1911)으로 알려지면서부터였다. 그의 조형은 이전의 평면과는 달리 간결하게 상자를 잘라 돌출시키거나 상호관입 하는 형태구성이었다. 이런 방법은 많은 유럽 건축가들을 자극하였다. 특히 서유럽의 표현주의와 신조형주의 건축가들은 거의 모두 그를 인정하였다. : Frank Lloyd Wright, 'The Destruction of Box' in Frank Lloyd Writings and Buildings, selected by Edgar Kaufmann and Ben Raeburn, Horizon Pr, 1960

205) Vincent Scully, Frank Lloyd Wright, Braziller, NY, 1960, p.23.

206) Wright, 'In the Cause of Architecture: Purely Personal' in F. L. Wright, On Architecture, Selected Writings (1894-1940), ed. by F. Gutheim, Grosset & Dunlap, New York, 1941, pp.130-131.

그림 38. 르 코르뷔지에(Le Corbusier), 가르슈 주택. 라이트는 이를 '가슴팍이 빈약한 형태와 표면'이라고 공격했다.

그림 39. 라이트(Frank Lloyd Wright), 토마스 게일 주택

같은 해에 라이트는 르 코르뷔지에의 영어 번역본 [새로운 건축을 향하여(Toward a New Architecture, 1927)]의 논평에서 미국인은 프랑스의 평면과 형태에 더하여 깊이라는 3차원을 갖고 있다고 하였다.[207]

르 코르뷔지에의 형태의 평면적 처리는 주목할 만 하다. 직각으로 구성된 그의 가르슈 저택(Villa Garches, 1926-27, 그림 38)과 공중에 떠 있는 듯 연출된 라이트의 게일 주택(Thomas H. Gale House, 1909, 그림 39)을 비교해 보면 그 차이를 알 수 있다. 물론 깊이와 3차원에 대한 라이트의 언급은 타당하더라도 프랑스에 대한 그의 경쟁의식은 지나쳐 보인다. 우선, 라이트는 앞서 언급된 [새로운 건축을 향하여]에 대한 1928년 논술 이전에는 깊이에 대해 말한 적이 없었다.[208] 둘째, 르 코르뷔지에는 표면과 형태만 아니라 평면을 더하여 세 개의 요소를 표명하였다. 더구나 평면은 전통적으로 프랑스의 중요 관심사이며, 보자르(Beaux Arts)의 공간개념과 같은 것이다. 때문에 프랑스인들은 공간개념으로서 구지 깊이나 3차원을 말할 필요조차 없다. 그렇다면 라이트는 르 코르뷔지에의 공간개념에 대해 좀 더 관대하여야 했었다. 뿐만 아니라 라이트는 공간개념을 가장 근본적인 것으로 여겼던 바우하우스와 데 스틸 그리고 입체파운동의 공헌도 인정하는데도 인색했다. 그런 라이트의 언급은

---

207) 예술상의 문제에 대해 프랑스인들은 좀처럼 내부로 들어가 있지 않는다. 그들은 보통 그 시대나 장소 그리고 시간에 가장 적합한 표면 효과를 발견해 내곤 하였다. 이런 프랑스의 두 가지 즉 평면과 형태에 덧붙여 미국인은 '깊이'라는 3차원을 갖고 있다. 건축에 생명을 불러일으킬 수 있는 유일한 것은 바로 '깊이'이다. : F. L. Wright, 'Toward a New Architecture' in F. L. Wright, 앞의 책(On Architecture), p.133.

208) Cornelis van de Ven, 앞의 책, p.314.

아마 그의 오만 때문이었을 것이라고 반 드 벤은 말하고 있다.209) 그렇더라도 라이트에게서 유럽의 입체파와 데 스틸의 영향을 볼 수 있다. 그의 걸작 카우프만 저택(Kaufmann House, 1934)에서는 그 절정에 이른다.(그림 40)

그림 40. 라이트의 J. 카우프만 주택, 베이런 펜실베이니아

이렇게 공간개념은 이미 유럽에서 널리 퍼져서 전통처럼 되었었다. 뿐만 아니라 라이트에게도 당시 일반화된 독일의 공간개념이 배어 있었다. 그런 라이트는 조형 형태에서 가슴이 밋밋한 여인과 같은 국제주의 양식의 2차원적 형태210)를 일소하는 것이 자신의 소박한 역할이라 하면서 코르뷔지에를 나무라기도 하였다.

라이트의 형태에서 외부는 입체파의 구성처럼 평면과 형태들을 상호 관입시켜 유기적으로 표현된다. 또 내부는 생활공간이라는 새로운 실체가 된다. 그것은 외부로는 형태로 표현되어 연속적 운동으로 다양한 공간 단위를 이루면서 일관된 흐름을 가진다. 또 상자의 파괴로 내외부 공간은 상호관입되어, 브링크만의 미학에 따른 제3 공간개념의 해석을 얻게 된다.211) 그러나 라이트는 점차 독일의 어휘를 사용하였다. '흐르는 공간(flowing space)' 이라는 새로운 개념은, 그의 [유기적 건축(Organic Architecture)]에서는, '연속성' 이라는 표제가 된다. 같은 글에서 그는 당시 널리 퍼져 있던 공간개념에 대한 슈펭글러 유파의 다음과 같은 표현을 인용한데에서도 볼 수 있다. "건축가는 더 이상 그리스적 공간에 얽매어있지 않았으며 아인슈타인의 공간으로 들어설 만큼 자유로웠다 ..."212)

1930년 이후의 라이트의 글에는 공간개념에 대한 새로운 견해가 보이지 않는다. 그러

---

209) Cornelis van de Ven, 같은 책, p.316.

210) John W. Cook and Heinrich Klotz, Conversation with Architects, Prager, 1973, p.28.

211) 라이트는 자신의 새로운 건축형태의 기본원칙을 다음과 같이 설명하고 있다. (셋째) 상자로서의 방 그리고 모든 벽이 칸막이로 둘러싸인 또 다른 상자로서의 집을 제거할 것 ... 공간이라는 커다란 구획으로서 상호 유동시킬 것 .... (다섯째) 그와 같은 방은 이제 건축 표현의 본질이며, 상자에서 도려낸 구멍처럼 벽 속에서 도려낸 어떠한 구멍일 수는 없음을 강조하고 있다, 왜냐하면 그것은 '조형'이라는 이상과 일치하지 않기 때문이다. 구멍을 내는 것은 난폭한 일이다. : Wright, 'Modern Architecture' in F. L. Wright, Writings and Buildings, A Merdian Book, New American Library, 1960, pp. 45-46.

212) Wright, 'Organic Architecture' in F. L. Wright, 앞의 책(On Architecture), pp.180-182.

나 그의 작품이 자신의 미학에 기반을 두고 있음을 주장하기 위해 기존의 설명을 끊임없이 수정하였다. 1904-05년에 설계한 라킨 빌딩((Larkin Building)이나 1906-07년의 유니티 교회(Unity Temple)에 대해 1952년에 쓴 글이 그렇다.[213]

예술에서 4차원 개념은, 1913년 시인 아폴리네르(Guillaume Appolliare, 1880-1920)가 이를 입체파 회화에 적용한 이후 공간 미학의 일부가 되었다. 그러나 두 거장들은 뒤늦게 깨달았었다. 르 코르뷔지에는 1947년에 4차원은 매우 합당한 조화를 이루는 조형적 수단으로써 끊임없는 탈출의 순간이라고 했다.[214] 라이트 역시 이러한 개념을 받아들이는 데는 평생이 걸렸다. 그는 죽기 2년 전에 간행된 그의 마지막 저서 [유언(A Testament)]에서야 새로운 공간감이 3차원에서 깊이 또는 4차원이 되어간다는 사실을 인정하였다.[215] 그는 [유언]에서 인간이 터득한 모든 건축 창조의 기본개념을 자신과 결부시키고 있다. 그러면서 그는 당대에 일어났던 논쟁들을 사소한 것으로 생각하여 초월하고 있다. 되돌아보면 인간이 공간을 건축과 연관시킨 가장 오래된 기록은 2500년 전의 노자의 도덕경이다. 라이트는 우리들에게 노자에 귀 기울일 것을 권한다. 라이트는 근대 실존주의자로서, 특히 노자의 도덕경 11장을 발췌하고 있다.

착호유이위실　　鑿戶牖以爲室,
당기무 유실지용　　當其無, 有室之用

---

214) Le Corbusier, New World of Space, Reynal & Hitchdock, New York, 1948, p.8.
215) Wright, A Testament, Horizon Press, N.Y., 1957, p.130. 그의 최후의 저작은 자신의 고백이라 할 수 있다. 이것은 그가 얼마나 입체파 미학의 영향을 크게 받고 있었던가를 증명해 주고 있다.

V
건축공간론의 비판과 전개

1930년대 말에 시작된 공간개념의 비판론자들은 1950년대에 접어들면서 더 적극적이었다. 실존주의 철학자들이 이를 주도하였다. 이 때에 오랫동안 거부되었던 아리스토텔레스의 장소 이론이 다시 받아들여지면서 공간론에 새로운 전기가 마련되었다. 그것은 유물론적 공간개념을 대체한 실존적 장소 이론에 바탕을 둔 공간론으로 볼노, 노르베르그-슐츠 등에 의해서 제기되기 시작했다.

건축을 공간예술로 파악하는데 처음으로 반론을 제기한 사람은 에버스(Hans Gehard Evers, 1900-1993)였다. 그는 [건축 영역으로서의 죽음, 권력 및 공간(Tod, Macht und Raum als Bereiche der Architektur, 1939)]에서 이를 지적하였다. 이미 제들마이어(Hans Sedlmayr, 1896-1984)도 [건축의 본질에 관해서(Zum Wesen des Architektonischen, 1944)]에서 건축은 공간 조형(Raumgestalung)으로 정의할 수 없다고 하였다. 하이데거 역시 공간형성으로서의 건축을 부정하였다. 그는 '건축함 거주함 사유함 : Bauen, Wohen, Denken, Vorträge und Aufsätze by Martin Heidegger, Stuttgart, 1954(이기상, 신상희, 박찬국 옮김, 강연과 논문, 이학사, 2008)' 에서 공간(Raum) 개념을 어떤 장(場)을 '비워주다(einräumen)' 에서부터 추출된다. 그는 건축하는 것은 장을 생성하기 때문에 공간도 역시 모든 방의 연결과 함께 필연적 공간(spatium)과 확장(extension)으로서 건축의 물질 조직 속으로 들어간다고 서술하고 있다. 그는 근본적 실존구조를 건축과 거주의 기능에 관련시키면서 주거가 실존의 본질적 특질임을 강조하였다. 하이데거는 이미 [존재와 시간(Sein und Zeit, 1927)]에서 인간의 공간이 갖는 실존적 성질을 강조하였다. 그는 '실존은 공간적' 이라고 주장한 최초의 인물이었다.

그런 하이데거의 영향을 크게 받은 이는 장소와 방향이 갖는 실존적 의미를 논한 메를로 퐁티(Maurice Jean Jacques Merleau - Ponty(1908-1961)이다. 그는 [지각의 현상학, 류의근 옮김, 문학과 지성사, 2002 : La Phénoménologie de la Perception, 1945)]에서 지각심리학의 몇 가지 피상성을 비판하며 다음과 같이 말한다. "우리에게 공간의 체험을 알려주어야 할 실마리는 그것이 이미 공간 속에 포함되어 있고 또 공간이 이미 알려져 있을 때에만 공간개념을 전달할 수 있다." 이렇게 그에게 공간이란 우리의 '세계 내 존재' 를 표현하는 여러 구조 중의 하나였다.

바트(Kurt Badt, 1890-1973) 역시 장(場)으로서의 공간개념을 미학적으로 다루었다. 그는 [공간환상과 공간착각(Raumphantasien und Raumillusionen, 1963)]에서 공간개념이 도처에서

횡행하여 예술 작품의 참된 의미는 오히려 소홀히 다루어지고 있다고 지적하면서, 공간적 작용은 항상 물체의 표면에 간접적으로 형성된다고 서술한다. 그는 건축적으로 만들어진 것은 공간이 아니라 건축된 물체로 보았다. 그에게 공간이란 물체를 만든 결과로 생기는 공허 이외의 어떤 것도 아니었다. 이런 바트의 비판에 비추어 그로스(Werner Gross, 1901-1982)는 [중세건축의 공간 특성에 관한 고찰(Überlegungen zum Raumcharakter der mittel alterlichen Architektur, 1970)]에서 '공간개념을 새롭게 구성하는 것은 예술의 책무'라고 서술한다. 건축공간에 대한 신랄한 비판은 스크러튼(Roger Scruton, 1944-2020)의 [건축미학(The Aesthetic of Architecture, Princeton, 1979) : 김경수 옮김, 서광사 1986]에서도 나타난다. 그는 건축이 공간예술이라 한다면 사람들은 들판에 서 있기만 해도 성 베드로 성당의 둘러싸여 분리되어 있는 내부공간을 충분히 체험할 수 있을 것이라고 하였다. 그의 이러한 반론은 공간이 유일한 것이라고 주장하는 교조주의적 해석에 대한 에버스가 취한 반격과 같은 것이며, 바트처럼 칸트적 보편적 등질공간을 의미하는 것이다.

한편 공간개념의 역할을 적극적으로 평가하려는 사람들과 이를 부정적으로 평가하려는 사람들 사이에서 건축과 예술학에서는 공간개념이 전혀 확립되지 않았다고 지적한 사람은 에써(Karl Heinz Esser, 1912-1999)이다. 그는 [체험 공간으로서의 건축공간(Der Architektur - Raum als Erlebnisraum, 1940)]에서 건축 공간은 건축적 형태의 반전에 의해 추상적으로 체험되는 것이 아니라 형태에 의존하면서도 그 자체로서 생생하게 체험할 수 있다고 주장하였다.

이렇게 공간을 부정적으로 평가하는 입장과 긍정적으로 평가하는 입장 사이를 흔들어 놓은 사람들이 있다. 그들은 앞에서 언급된 카시러처럼 의미와 상징으로서 공간을 해석한 사람들이다. 귄터 반드만(Günter Bandmann, 1917-1975)은 [의미전달자로서 중세건축(Mittelaterliche Architektur als Bedeutungsträger, 1951)]에서 건축은 상징들을 표출한다고 하였다. 그는 현대건축가에게 공간은 의식적 출발점이 될지 모르지만, 중세에서 공간은 이와 같은 의미에서 결코 의식적으로 추구하려는 것은 아니었다고 하였다. 이렇게 의미전달자로서의 건축은 바로 건축 그 자체를 환기시키는 것이며, 그것은 또 상징형식의 관점이기도 하다.

상징적 접근의 초기 형태는 카시러와 그의 후계자 랭거(Susanne K. Langer, 1895-1985)의 상징철학에 의해서 갖추어졌다. 랭거는 상징형태를 정신의 원동력으로 본 카시러를 계승하여 발전시켰다. 그녀는 예술을 상징 내지 기호로 파악하여 그 의미론적 해석에 노력을 기울였다. 랭거에게 상징적 변형이란 새로운 철학의 뚜렷한 힘이었다. 그것을 통해 인간은 자신의 환경과 맞선다. 그녀는 그러한 대결의 형식을 상징형식으로 간주하였고 주안점을 점차 예술 자체에 옮겨갔다.[216] 이러한 랭거의 연구는 [감정과 형식(Feeling and Form, Macmillan 1953)]에서 포괄적 형식으로 완성되었다. 거기서 건축은 현실의 장을 다룸으로 허상의 장을 표현한다고 서술하여서 공간 대신 장(場)의 개념을 선택하였다. 그녀는 건축을 가상 공간(virtual space)에 포함시켰다. 그 공간은 회화, 조각을 포함한 조형예술 전체의 공간이며, 건축 고유의 미적이고, 현실적인 공간은 아니었다.

인문학자 이푸 투안(Yi-Fu Tuan, 1930-2022)은 공간과 장소를 서로 다른 것으로 보았다. 그는 공간에 인간의 주관적 요인이 더해지면 장소가 된다고 하였다. 투안은 토포필리아(Topophilia), 즉 장소에 대한 사랑이 있어야 인간의 자기 정체성을 형성하고 안정적 삶이 가능하다고 하였다.[217] 장소로서의 의미는 마이스(Pierre von Meiss, 1938-)에게서 더 분명해진다. 그는 건축공간 을 이루는 물리적 형태는 장소의 주관적 의미가 있을 때 그 가치를 인정받는다고 하였다.[218] 이렇게 건축은 보이는 것, 즉 형태로부터 시작하여 점차 보이지 않는 숨겨진 것으로 침투해 가는 것으로 이해된다. 물론 건축은 공간을 다루는 예술이지만 건축의 형태는 장소에서 확실한 정체감을 심어주는 수단이 된다. 그러나 20세기 중기 이후 건축 공간론에 하나의 중요한 변화가 생긴다. 그것은 존재론이나 실존주의의 영향으로 공간개념을 심화시키는 데 중요한 의미를 가진다.

장소로서의 의미는 마이스(Pierre von Meiss, 1938-)에게서 더 분명해진다. 그는 형태로부터 장소로(De la forme au lieu, une introduction à l'ètuite de l'archtecture, 1993)에서 건축공간을 이루는 물리적 형태는 장소의 주관적 의미가 있을 때 그 가치를 인정받는다고 하였다. 이렇게 건축은 보이는 것, 즉 형태로부터 시작하여 점차 보이지 않는 숨겨진 것으로 침투해 가는 것으로 이해된다. 물론 건축은 공간을 다루는 예술이지만 건축의 형태는 장소에 확

---

216) Udo Kultermann, Kleine Geschichte der Kunsttheorie, 1987 ; 김문환 역, 예술이론의 역사, 문예출판사, 1997, pp.304-306

217) Yi-Fu Tuan, Space and Place, Univ. Minesota. 1977 : 정영철 역, 공간과 장소, 태림문화사, 1995.

218) Pierre von Meiss, De la forme au lieu, une introduction à l' ètude de l' architecture, 1993 ; 정인하, 여동진 역, 형태로부터 장소로 시공사, 2000.

실한 정체감을 심어주는 수단이 된다. 그러나 20세기 중기 이후 건축공간론에 하나의 중요한 변화가 생긴다. 그것은 존재론이나 실조주의의 영향으로 공간개념을 심화시키는 데 중요한 의미를 가진다.

하르트만(Nicolai Hartmann, 1882-1950)은 [미학(Ästhetik, 1953 : 전원배 옮김, 을류문화사 1995)]에서 존재론적 입장으로 건축예술의 존재 형태를 추구하였다. 그는 실제적 목적을 충족하여 공간적 비례를 갖고 소재(素材)의 저항과 싸우는 건축예술은 목적 구성, 공간 구성, 동적 구성과 같은 외적 성층(成層)뿐만 아니라 그것은 정신 전체와 부분의 종합표현, 이념의 각인과 같은 내적 성층까지도 인정하였다. 잉가르덴(Roman Ingarden, 1893-1970)도 예술의 존재를 위한 탐구에서 예술작품의 존재 양태를 추구하여 [예술의 존재론적 연구(Untersuchungen zur Ontologie der Kunst: Musikwerk - Bild - Architektur - Film, 1962]를 발표하였다. 이 연구는 존재론에 바탕을 둔 건축론으로 특이한 위치를 차지하고 있다. 그는 건축은 현실적 대상일 뿐만 아니라, 그 현실을 초월하는 것이라고 주장한다. 또 그는 다양한 미적 가치를 담당할 수 있는 객관적 공간상과 그로 인한 공간상이 현상하는 여러 모습들이 건축작품의 미적 체험과 그 본질을 규정하는 2대 요인이라 하였다.

한편 실존주의자들의 공간에 대한 비판적 태도는 오히려 그 안에서 적극적 옹호자들을 나오게 하였다. 그 중심의 인물이 볼노(Otto Friedrich Bollnow, 1903-1991)이다. 하이데거 후계자의 한 사람인 볼노는 하이데거가 인간의 존재를 주로 시간과의 관계에서 파악한데 반하여 그는 인간의 존재와 공간의 관계도 그에 못지않게 중요하다는 것을 역설하였다. 볼노는 공간에 관한 그의 저서 [인간과 공간 Mensch und Raum, 1963 이기숙 옮김, 에코, 2011]에서 '체험된 공간(der erlebte Raum)' 의 개념을 피력했다. 하이데거는 인간 존재(現存在, Dasein)가 '시간 내 존재(das Sein >in der Zeit<)' 라고 규정한 것에 대하여 볼노는 "공간성은 인간 현존재의 하나의 본질 규정이다(Räumlichkeit ist eine Wesensbestimmung des menschlichen Daseins)"라는 명제를[219] 앞세워서, 인간의 생활은 근본적으로 공간과 관여하여 이루어짐으로 사유 속에서도 인간은 공간에서 벗어나지 못한다고 보았다.

하이데거가 인간을 '세계 내 존재(In-der-Welt-sein)' 라고 하면서도 그 속에 '던져짐' 을

---

219) Otto Friedrich Bollnow, 앞의 책, p.22

강조한 것은 증오와 투쟁만이 있는 '만인의 만인에 대한 싸움' 을 전제로 한 '적개심의 공간' 을 생각했을 것이다. 그러나 볼노는 바슐라르(Gaston Bachelard, 1884-1962)가 [공간의 시학(La potique de l'espace, 1957 : 곽상수 역, 민음사, 1990)]에서 주장한 '거주하는 일의 기본기능' 을 인용하면서 그의 이론을 전개하였다. 그는 바슐라르가 '인간이 처음으로 태어나 눕게 되는 요람은 행복한 집안이다' 라는 점에 주목하면서, 인간이 "세계 속에 던져졌다" 는 것은 성급한 형이상학자들의 주장이라고 하였다.

볼노가 강조하는 체험된 공간은 기하학에서 말하는 균일하면서도 연속적 공간이 아니고 또 칸트가 생각한 것과 같은 선험적 공간도 아니다. 그 공간은 개인의 체험에 따라 질적 구별되는 '체험된 공간' 을 말한다.220) 볼노는 이러한 '체험된 공간' 의 가장 중요한 전형으로 주거를 든다. 그는 집안에서 거주하는 인간의 '안주성(安住性, Geborgenheit)' 에 관해 논하면서, 주거는 세계의 중심이고 주거의 중심은 침실이라 하였다. 그는 또 '감정이 이입된 공간' 에 관해 고찰하였다. 예를 들면 인간의 감정에는 불안한 기분, 흥분된(즐거운) 기분, 억압된(슬픈) 기분 등 여러 가지 기분이 있으며, 이러한 기분은 그 인간을 둘러싼 주위의 공간을 지배하면서, 동시에 공간 고유의 특성이 그 안에 있는 인간의 기분에 영향을 주게 됨을 지적하였다. 그는 공간의 문제를 예술의 문제로 다룰 수 있는 데까지는 이르지 못했다. 그러나 그가 논하고 있는 것은 매우 중요하고 또 현실적이어서 이후의 연구에 고무적 기초를 만들었다.

사실 공간의 문제는 고대로부터 인간존재의 본질을 밝히는 기본개념이었다. 시간의 문제도 마찬가지다. 그런데 하이데거의 [존재와 시간] 이후, 인간의 실존 해명에서 시간이 결정적 구실을 하고 있다는 사실에 현대 사상가들이 주목하게 되었다. 인간에게 자기존재의 이해는 '탄생과 죽음 사이에 있는' 실존을 파악하는 일에 있다고 본 하이데거는 '죽음에 이르는 존재' 로서의 인간 실존은 시간성에서 파악된다고 하였다. 볼노는 실존철학이 시간성을 강조하다보면 '던져짐(Geworfenheit)' 과 '불안(Angst)' 같은 안정과 평안이 없

---

220) 그 특징은 첫째, 체험된 공간에는 명확한 중심점과 축좌표계가 있다. 이는 공간을 체험하는 인간의 위치와 자세에 의해 정해진다. 둘째, 체험된 공간 중에서 여러 종류의 방향과 장소는 그 성질을 달리한다. 그러므로 공간은 내용적으로 분절(gliedern)되어 각 영역 간에 불연속성이 형성되기도 한다. 셋째, 체험된 공간은 인간에 대해 그 생을 촉진시키는 것으로서 아니면 그 생을 저해하는 것으로서 관계가 있다. '체험된 공간' 의 어떤 장소도 인간에 대해 의의가 있으며, 인간과 공간은 떼어놓을 수 없는 관계에 있다.

는 유동적 개념으로 가득 차게 된다. 그러나 인간의 공간성에 주목하게 되면 인간의 주거에서 느껴지는 안정(Geborgenheit)과 보호(Schutz)를 알게 될 것이라고 한다.

이러한 영향에서 노르베르그-슐츠는 건축공간에 접근하고 있다. 그는 종래의 건축공간론에 실존주의 이론을 받아들여 20세기 후반 건축공간론의 대표적 저서인 [실존, 공간, 건축 (Existance, Space and Architecture, Praeger, 1971) : 김광현 역, 태림문화사, 1985]을 저술하였다. 그의 이론은 피아제(Jean Piaget, 1896-1980)에 의해 풍부해진 게슈탈트 이론의 기반과 하이데거, 바슐라르, 볼노의 철학적 영향에서 성숙되었다. 그는 [건축에서의 지향(Intention in Architecture, MIT 1963), 정영수 역, 건축론 세진사 1986]에서는 공간개념이 갖는 중요성에 한계가 있음을 피력하였다. 그러나 실존적 공간이라는 개념을 도입한 후에는 그 한계를 극복하였고, 그 후 그에게 공간은 건축이론에서 중심 위치를 얻게 되었다. 특히 하이데거의 공간과 주거의 사상은 개념상의 어려움과 철학적 관계의 애매함으로 인해 바르게 이해되지 못하여 건축문화에서 무시되어 왔었는데, 그의 예리하고 세련된 해석으로 건축의 논쟁으로 소개되었다. 그는 지금까지의 공간론이 유클리드적 기하학 공간에 얽매어서 인간을 내쫓거나 아니면 공간을 단순한 지각심리학의 대상으로 삼는 것을 신랄하게 지적하였다. 그는 공간을 나 자신을 중심으로 한 실존적 공간과 그것을 구체화한 건축공간으로 나누었다. 그의 실존적 공간은 중심에 나를 두고 확대된 것이고, 건축공간은 그때 그 시간의 지각자로부터 독립되어 존재하며 그 자체는 중심과 방향을 지니고 있는 것이다. 이렇게 건축공간이 중심과 방향으로 이해되는 것은 그 속에 있는 인간의 공간체험에 의한 것이다. 이러한 그의 건축공간은 인간의 실존공간의 구체화를 의미하는 것이다.[221]

한편 쿤(Hugo Kuhn, 1909-1978)은 존재론적 측면에서 서술한 [중세의 예술작품과 세계(Zur Deutung der künstlerischen Form des Mittelalters, 1959)]에서 공간 규정은 분명히 신의 존재와 유추 위에 성립되어서 그가 설명한 공간은 신으로 바꿔 놓을 수 있다고 하였다. 리드(Herbert Read, 1893-1968)는 [이콘과 이데아(Icon and Idea, 1943) ; 김병익 역, 도상과 사상, 열

---

221) 노르베르그-슐츠의 건축사 [서양건축의 의미(Meaning in Western Architecture, 1975)] 역시 건축은 그 자체로 실존적인 의미들에 대한 역사의 부분이라는 입장에서 서술된 것이다. 그의 이론은 다시 그 후의 저서들 [장소의 혼(Genius Loci, 1979)], [건축: 의미와 장소(Architecture: Meaning and Place, 1986)]], [거주의 개념(The Concept of Dwelling, 1985)] 등에서 건축적 장소의 연구로서 구체화되었다.

화당, 1982]에서는 인간의 공간의식과 종교적 초월의식을 병행하여 발달하는 과정을 묘사하고 있다. 엘리아데 역시 [종교사 개론(Traité d'Histoire des Religions, 1949 ; Patterns in Comparative Religion, 1958)]과 [성과 속(Das Heilige und das Profane, 1957) : 이동하 역, 학민사 1983]에서는 성스러운 공간이야말로 건축의 공간체험에서는 중심 자리를 차지하고 있음을 지적하고 있다.

더욱이 바우어(Hermann Bauer, 1929-2000)는 [예술사학(Kunsthistorik, Eine kritische Einführung in das Studium der Kunstgeschichte, 1976) : 홍진경 역, 미술사학의 이해, 시공사, 1998]에서 공간이 내용으로서 가시화됨을 지적하여 공간개념의 통합에 중요한 의미를 부여한다. 그는 물체, 공간, 시간을 조형미술의 표현방식으로 보고 있다. 그것을 창작미학의 입장에서 보면 표현의 개념이라 할 수 있는 형태도 같은 중요성을 지닌다는 인식을 주고 있다. 그러나 공간 범주이며 향수미학의 입장에서 보면 현상의 범주로서 중요한 의미를 가지고 있다. 그는 피엘 프랑카스텔의 [미술과 사회]에서의 주장처럼, 조형예술 속에서 공간, 시간 관계만을 유추하지 않고 여기에 물체를 추가하여 공간과 시간 개념에 대한 구체성을 줄 수 있었다. 이러한 전제에서 바우어는 건축은 여러 방식으로 공간과 공간을 연결시킬 수 있지만, 이는 단순히 체적의 차원이 아니라 공간이 어떻게 내용을 보일 수 있는가라는 특성에 관한 것이라고 서술한다. 공간이 내용으로 가시화된다는 그의 지적은 공간개념 통합에서 중요한 의미를 지닌다. 그것은 컴퓨터의 이용으로 예전에는 쉽게 구축할 수 없었던 변화무쌍한 공간이 실현되고 있다. 또 사이버 공간에서 그러한 복잡한 형상에서부터 영감을 얻어내어 건물의 표피가 더욱 중요한 가시적 구실을 하는 경우도 마찬가지다.(그림 41. 빌바오 구겐하임 미술관). 건축가들은 경량 금속과 폴리산에스테르와 같은 최첨단 자재를 이용하면서 무한히 변경할 수 있는 구조와 공간으로 건축의 이상에 다가서게 되었다. 이런 사이버 세계의 꿈은 2,000년대에 첫걸음을 떼었다. 그것은 지난 2,500년동안 근본적인 면에서는 거의 변화가 없었던 구조와 공간의 한계를 넘어서려는 건축가들의 노력이었다. 21세기 초에 건축에서 컴퓨터 사용은 상식이 되었다.

물론 사이버스페이스는 온라인 영역의 '데이터 공간' 이다. 이는 물리적 현상에 근거를 두고 있지 않기에, 물리학 법칙의 적용을 받지 않으며 그러한 법칙의 한계에 의해 제한되지도 않는다. 이 새로운 공간은 물리학자들의 초공간 복합물에도 포함되지 조차 않는다. 그러기에 여기에서 공간의 개념 자체는 지금까지 거의 이해되지 않았던 새로운 의

그림 41. 구겐하임 미술관(빌바오, 1993-97년, Frank Gehry). 구겐하임 미술관의 물결 모양의 외형은 아트리움을 중심으로 모여 있다. 티타늄으로 덮인 미술관이 거대한 배처럼 설계된 것은 빌바오가 항구라는 사실을 상징한다.

미를 띠게 된다. 실제로 많은 사이버스페이스 열광자들은 역사상 사이버스페이스와 같은 것은 전혀 존재한 적이 없다고 주장한다. 그럼에도 중세의 공간 이원론과 오늘의 사이버스페이스 사이에는 중요한 역사적 유사성이 있다. 우리가 이미 알고 있었듯이, 중세 기독교인들은 그들이 '자연철학' 이라고 일컬었던 과학에서도 물질 공간과 물질계의 '바깥' 에 존재하는 빗물질적 공간인 천국을 믿었다. 뿐만 아니다. 오늘날과 같이 철저하게 물리주의 시대에도, 우리는 물질세계보다 훨씬 더 큰 무언가를 묘사하기 위해 '공간' 이란 단어를 쓴다. 우리는 또 '사적 공간' 에 대해서도 마치 어떤 종류의 관계 공간이 있는 것처럼, 관계와 관계 사이의 '이동 공간' 을 갖는 것에 대해서 이야기한다.

분명한 사실은 온라인 영역은 '데이터 공간' 이라는 점이다. 이런 점에서 우리는 사이버스페이스를 일종의 전자적 '사유' 를 위한 공간 즉, 순전히 물리주의적인 세계상에서 거부당한 인간의 빗물질적 측면을 부분적으로나마 발휘할 수 있는, 새로운 공간이라 할 수 있다. 이렇게 공간이 내용으로서 이해된다면, 그때 물체는 형식으로 이해되어지고 시간은 양자를 매개로하여 우리들의 미적 체험을 뒷받침할 수 있을 것이다.

맺음글

'건축공간의 이해' 에 관한 이 글은 건축의 발전은 새로운 시각의 공간개념에서 싹튼다는 생각에서 비롯하였다. 모든 혁신은 새로운 생각에서 움튼다는 사실을 받아들이기 때문이다.

먼저 지난 시대의 철학과 과학의 공간개념 양상들을 되돌아보면서 건축을 살폈다. 아이디어가 자라온 뿌리부터 시작하면 이해하기 수월해서이다. 물론 이 세상을 이해하는데 효과적이라고 밝혀진 많은 아이디어들은 이미 기원전 훨씬 이전부터 있었다. 테오프라스토스는 공간을 서로 연결된 관계로 보았다. 그렇지만 되돌아 잘 살펴보면, 그 아이디어들은 시간의 흐름을 따라 더 명확해질 뿐만 아니라 이후의 단계들이 보다 간명하고 자연스럽게 이해되기도 한다. 그럼에도 공간개념이 확립되어 한 세기가 한참 지난 오늘에도 건축공간에 관한 연구가 어떻게 발생하여 발전하고 일반화되었는가를 체계적으로 가늠하기는 수월치 않다. 건축공간에 관한 기록들이 흩어져있기 때문이기도 하다.

사실 공간이라는 생각은 오늘 우리에게는 자연스럽다. 그러나 잘 생각해보면 빈 공간을 우리가 경험한 것은 아니다. 그것은 뉴턴 물리학 덕분으로 익숙해져서 그렇게 생각할 따름이다. 공간이 사물들과 구별되는 별개의 존재라는 생각은 이미 고대 그리스 시대 데모크리토스에서 시작되었다. 그러나 그 생각은 아리스토텔레스를 거쳐 데카르트에 이르기까지 2천 년 동안 절대적 자리는 잡지 못했다. 빈 공간을 원자론적 세계의 기초로 삼았던 데모크리토스조차도 이 문제에 대해서는 생각이 명확하지 않았다. 그는 빈 공간이 '존재와 비존재 사이의 어떤 것' 이라 하였다. 꽉 찬 것과 텅 빈 것을 생각하여 전자를 '존재' , 후자를 '비존재' 라 하였다. 정말 모호하게도 이 '비존재' 가 존재한다는 것이다. 당연히 '어떤 것' 과 '아무것도 아닌 것' 의 중간에 있는 빈 공간이라는 생각은 고대부터 철학자들을 힘들게 하였다. 비움에 무게를 둔 동양 현인들의 무(無)의 인식도 그러하다.

인간의 본질은 신체의 물리적 구조가 아니라 그가 속한 개인적, 가족적, 사회적 상호작용의 관계에서 주어진다. 바로 이것들이 우리를 만들고 지킨다. 우리는 자신에 관한 앎 그리고 우리에 관한 다른 이들의 앎에 대한 우리의 앎으로 이어져 있다. 우리는 상호적 정보의 풍부한 연결망 속의 복합적 매듭이다. 공간도 마찬가지다. 공간은 그 구성인자들의 상호관계라는 특징을 갖기 때문이다. '공간형성자' 라는 건축 내적 본질의 정의에서 출발한 건축 공간개념은 20세기 중반까지는 형태와 함께 공간의 중요성으로 부각되었다. 또한 이 둘의 조화는 물론 형태 외의 다른 요소로 통합되는 새로운 길도 모색케 하였다. 그 과정에서 공간개념에 대한 비판도 있었다. 하지만 시 · 공개념이 중심주제로 등장하면서 건축공간론은 더욱 보편화되었다. 이때 공간론의 비판은 실존주의자들을 중심으로 절정에 이르렀다. 하지만 오히려 공간론의 내면성을 획득하는 계기가 되었다.

사실 건축 공간개념은 건축의 본질을 규정하는 과정에서 '공간예술로서의 건축론' 으로 태어났다. 그 후 공간적 추상 작용이라는 새로운 인식으로 받아들여져서 양식 개념에 대해 비물질적 의미를 불러일으켰다. 결국 그런 인식은 절충주의를 소멸시키는 계기가 되었다. 또 공간개념이 소개된 1890년 이후 그 미학적 해석은 바로 기능주의 해석과 직면하였다. 그러나 결국 공간개념은 20세기 전반에는 기능 중심의 방향으로 전개되었다. 그 과정에서 공간에 대한 긍정적 태도와 함께 부정적 태도 역시 중요하게 작용되었다. 또 감정이입의 지각적 인식은 공간의 적극적 개념으로 작동되었다. 결국 건축이론가들은 공간의 반대나 형태에 대한 부정보다는 이런 갈등에 대한 올바른 해결책을 공간과 형태간의 균형에서 찾았다. 이렇게 공간개념의 물질적 관점에서 세 가지 방법들 즉, 외부공간(형태), 내부공간, 내 · 외부공간의 상호관입에 의한 표현에서 찾은 것은 공간의 조형적 통일의 명제였다. 공간을 용도에서 분리할 수 없고, 형태를 의미와 구조에서 떼어놓을 수 없기 때문이었다. 이런 사실에서 우리는 공간표현에서 어떠한 새로운 시도 역시 이 같은 보편적 전제의 하나에서 시작될 것임을 예측할 수 있게 되었다.

한편 이런 건축적 이념들은 철학과 자연과학에서의 공간개념들과 같은 방향으로 진행되었다. 그것은 건축이 과학의 혁신을 단순히 빌려온 것이 아니라는 사실이었다. 시간과 공간 개념은 이미 1893년 힐데브란트가 동적 시각(kinetic vision)에서 다루었고 4차원은 1912년 입체파가 사용하였다. 또한 반 되스버그는 1916년 시 · 공간 미학을 제시하였고, 같은 해 아인슈타인은 공간의 상대성 이론을 구체화하였다. 이러한 문화적 얽힘은 물리학이 과학적으로 해석해 나갈 때 건축은 공간의 미학적 해석을 만들었음을 말하고 있다. 물리학자의 명료한 시각은 서로 얽혔던 예술가의 주장들을 풀어낼 수 있었다. 아인슈타인이 제시한 물리학의 세 가지 공간개념 즉, 장소로서의 공간, 3차원의 절대적 공간, 시간-공간의 상대적 공간 등은 인간의 작업 속에 동시에 존재하기에 건축에도 적용되었다. 시간-공간 개념은 1960년대 이후 점차 실존적 장소 이론으로 대체되었다. 그럼에도 모든 건축 작품은 물리적 공간의 세 가지 전제를 따르고 있다.

되돌아보면 아리스토텔레스의 경우 공간을 실재에서 극히 미미한 범주로 다루었다. 이에 반해 뉴턴은 공간을 우주의 배경이 되는 형식, 즉 모든 운동의 절대적 틀로 생각했다. 그러나 뉴턴의 공간은 그 본래의 특성을 전혀 갖고 있지 않았다. 단지 무형적이고 특색 없는 공간일 뿐이었다. 역사상 처음으로 인간은 마음과 정신 그리고 영혼이 그 어디에도 존재하지 않은, 전적으로 물질주의적 세계관을 갖게 되었다. 이렇게 우리의 영혼 공간을 잃어버린 까닭은 그것을 천체 공간과 연결시켰기 때문이었다. 사실 뉴턴의 수리과학과 데카르트의 이원론적 형이상학은 강력한 유물론적 일원론의 디딤돌 구실을 했다. 그러나 일반상대성 이론에서 공간은 처음으로 실재의 가장 적극적 범주가 되었다.

상대성 이론에 따르면, 우주공간의 얇은 조직 없이는 물체가 존재할 수 없다. 아인슈타인의 우주론에서 공간은 현대의 과학적 세계관의 대들보 구실을 한다. 그러나 상대론적 세계관에서 공간은 더 이상 수동적이고 무기력하며 자체의 특성조차 없는 실체가 아님을 말한다. 공간은 단순히 텅 빈 영역으로 존재하기 보다는 우주의 거대한 역사의 적극적 참여자로서 힘을 가진 본질적 실체가 된다. 게다가 공간은 물질에 의해 형태가 만들어진 얇은 조직이기에, 물질의 분포가 변하면 공간의 외형도 변한다. 그러나 상대적 공간은 어디에도 특별한 장소가 없음을 당연시한다. 따라서 새로운 우주론의 장(場)위에 살고 있는 우리는 어느 곳에서도 특별하지 않게 된다. 아인슈타인의 공간은 기하학적으로 정확하면서 동시에 가치중립적이어서 모든 장소는 어느 곳에서도 특별하지 않다. 모든 장소가 본래의 내적 가치를 지니고 있었던 중세의 우주와 그리고 동북아인의 명당(明堂)과는 달리, 일반상대성 이론은 가치의 무의미를 기호화한다. 이렇게 다른 어떤 장소보다 더 특별한 공간이 없다면 목표로 삼을 공간은 물론 궁극적으로 목표도 목적지도 사라지게 될 것이다. 결국 우주의 밑바닥에서 우리를 구했던 우주론의 원리는 우리의 갈 곳을 없애버리고 만다. 여기서 우리는 상대성이론과 양자이론의 통합으로 새로운 우주 질서와 세계관에 부합하는 미래지향적 사고방식을 제시한 카프라, 하이젠베르그, 보옴과 같은 물리학자들의 견해에 귀 기울이게 된다. 물론 과학은 실험, 가설, 방정식, 계산 그리고 토론을 통하여 이루어지지만 이것들은 음악가의 악기처럼 단지 도구일 따름이다. 결국 음악에서 중요한 것은 음악 자체이듯, 과학에서는 과학이 제시하는 세상의 이해이다.

현대 물리학에 따르면, 우리들이 보고 있는 물질세계는 여러 객체들이 따로 떨어져 기계적으로 구성되는 체계가 아니다. 그것은 여러 상호관계가 얽히고설키는 매우 거대하고 복잡한 그물처럼 이루어진 세계이다. 양자역학이 기술하는 세계에서는 물리계들 간의 관계 속에서가 아니고는 그 어떤 실재도 없다. 건축도 마찬가지다. 사물이 있기에 관계를 맺는 것이 아니라, 오히려 관계가 사물의 개념을 낳는다. 양자역학의 세계는 대상들의 세계가 아니다. 그것은 기본적 사건들의 세계이며, 사물들은 이 기본적 '사건들' 의 발생 위에 구축될 따름이다.222) 첨단 과학자들이 제시하는 시공에 대한 견해 역시 신비가들이 초월 체험을 통해 궁극적으로 공간과 시간을 이해하는 것과 유사하다. 이렇게 현대 물리학이 보여주는 세계상은 한 몸같이 옴살스럽고(holistic) 생태론적이다. 그것은 한 체계의 모든 사건들은 다른 체계와 관계하여 일어남을 말한다. 이런 세계관을 지닌다는 것은 곧 우주와 내가 하나 되는 직관에 관통함을 뜻한다. 이는 공간이 무엇으로 이루어졌는가보다 중요하다.

물론 공간은 '사물' 로 이루어진다고 생각할 수 있다. '현재 있는 물리적 실체 '로 말이다. 그러나 한편 '사건 '으로 이루어진 세상이라고 생각할 수도 있다. 이는 대상을 사건과 과정의 총체라고 생각하여서 세상을 가장 잘 포착할 수 있는 방법이기 때문이다. 세상이 사물로 이루어져 있다면, 이 사물들은 어떤 것일까? 더 작은 입자들로 구성되어 있다고 밝혀진 원자일까? 아니면 장(field)의 일시적인 요동에 지나지 않는 기본 입자들일까? 그렇지 않으면 상호 작용과 사건을 언급하기 위한 ' 언어 코드인 ' 양자장일까? 물론 '물리적' 세상이 단순히 사물로 이루어졌다고 생각할 수는 없다. 그렇게 작동하지도 않는다. 반면, 세상이 사건의 네트워크라고 생각하면 작동한다. 아주 간단한 사건이든 복잡한 사건이든 더 단순한 사건들의 조합으로 분해될 수 있기 때문이다.

오랫동안 우리는 근본 '실체' 의 관점에서 세상을 파악하려 하였다. 아마 그 어떤 학문보다 물리학이 이러한 근본 실체를 가장 많이 연구했을 것이다. 그럼에도 세상이 존재하

---

222) Carlo Rovelli, 앞의 책, p.136.

는 사물들로써 그다지 잘 이해된 것 같지는 않다. 오히려 사건들 사이의 관계로 훨씬 더 잘 이해되고 있다.

우리는 모든 존재들은 서로 연결되어 영향을 주고받는다는 화이트헤드(Alfred North Whitehead, 1861-1947)의 유기체 철학223)을 주목할 필요가 있다. 그는 순수하게 개별적으로 존재하는 것은 있을 수 없으며 모든 것은 서로 영향을 주고받는다고 한다. 심지어 현실의 존재와 추상적인 것들까지 관계를 맺고 있다고 한다. 화이트헤드는 실체로서의 사물보다는 사건으로 파악하려 한다. 그의 유기체로서의 철학은 역(易)의 철학과도 연관시켜 생각할 수 있다. 역은 모순 가운데 통일이 있고 복잡한 가운데 조화가 있음을 일깨우는 사상이기에, 분석적 사유와 구별되어 실체보다는 변화(易)를 물질의 근본으로 판단하기 때문이다. 그것은 결국 비움을 통해서 하나가 다른 하나에 연관됨을 일깨워준다.

우리는 누구나 내일을 꿈꾼다. 하지만 지난날들을 되돌아보는 일은 여전히 큰 가치를 갖는다. 그것은 부정적이든 긍정적이든 우리 한 사람 한 사람을 형성해온 것이기 때문이다. 우리가 지난날에 무엇을 했는가의 물음을 넘어 어떻게 했는가를 묻는다면, 지난 일들에서 많은 것들을 배울 수 있을 것이다.

이 글은 건축공간이란 무엇인가를 묻는 이들에게 해줄 이야기다.

---

223) Alfred North Whitehead, Process and Reality, 1978 ; A. N. 화이트헤드, 오영환 옮김, 과정과 실재, 민음사, 1978 : 화이트헤드의 신은 아인슈타인의 신관과 일맥상통한다. 신은 우주의 창조주나 입법자로서의 초월적 신이 아니라 우주에 편재하는 理法 그 자체를 말한다.

참고문헌

Aquinas, Thomas. 「Summa Theologia」 정의채 역, 신학대전, 성바오로 출판사, 1993.

Alberti, Leon Battista. The Ten Books Architectur, The 1955 Leoni Ed. Dover, 1986.

_ _ _, Della Pittura di Leon Battista Alberti. 노성두 옮김, 알베르티의 회화론, 사계절, 1998. 1436.

Arnheim, Rudolf. 「The Dynamics of Architectural Form」, 1977 ; 손승관 역, 건축의 역학적 형태, 세진사, 1987.

Aurelius Marcus. 천병희 옮기, 명상록, 도서출판 숲, 2005.

Bachelard, Gaston. 「La poètique de l' espace」 ; 곽광수 옮김, 공간의 시학, 민음사, 1990.

Bauer, Hermann. 「Kunsthistorik」, 1989 ; 홍진경 역, 미술사학의 이해, 시공사, 1998.

Berlage, Hendrik Petrus, 「Über Architektur und Stil」 1894-1928 : 김영철 우영선 김명식 옮김, 건축과 양식, 아카넷, 2021.

Biemel, Walter. 「Heidegger」, Rowohlt Taschenbuch, 1973 ; 신상희 역, 하이데거, 한길사, 1997.

Bollnow, Otto, Friedrich. 「Mensch und Raum」, Kohlhammer, 1963 ; 이기숙 옮김, 인간과 공간, 에코리브르, 2011.

Burckhardt, Jacob Christoph. Der Cicerone. 1855 ; 박지형 옮김, 치체로네, 서울대학교출판문화원, 2014

_ _ _,「Die Kultur der Renaissance in Italien」, 1860 ; 정운용 역, 이탈리아의 르네상스문화, 을유문화사, 1983.

Burtt, E.A., 「The Metaphysical Foundations of Modern Science」, Dover Publications, 2003

Cassirer, Ernst. 「Philosophie der symbolischen Formen, 1923-29 -The Philosophy of Symbolic Forms, Yale, 1955(1980) ; 박찬국 옮김, 상징형식의 철학 I-III, 대우고전총서, 아카넷, 2011-19」

Capon, David Smith. 「Architectural Theory」, John Wiley & Son, 1999.

Capra, Fritjof. 「The Tao of Physics」, 1975 ; 이성범 · 김용정 역, 현대물리학과 동양사상, 범양사, 1979.

Casy Edward S. The Fate of Place, Berkeley, Unov. 1998.

Chang, Amos Ih Tiao. 「The Tao of Architecture (The Existence of Intangible Content in Architectonic Form, Based upon the Practicality of Laotzu' s Philosophy)」, Princeton, 1956 ; 윤장섭 역, 건축공간과 노자사상, 기문당, 1985

Collins, Peter. 「Changing Ideals in Modern Architecture」, McGill-Queen' s, 1965 ; 이정수 역, 근대건축의 이념과 변화, 태림문화사, 1989.

Copernicus, Nicolaus, De Revolutionilous Orbium Caelestium, 1543 ; 민영기, 최재원 역, 한국과학재단, 1998.

Dante, Alighieri, Divina Commedia (Divine Comedy, 1320) ; 진영선 지음, 단테의 신곡 읽기, 그물코, 2013.

Doxiadis, Constantinos Apostolos, Architectural Space in Ancient Greece, MIT. 1972 : 허병이 역, 고대그리스의 건축공간, 대건사, 1998.

Eco, Umberto. 「Arte e belleza nell' estetica medievale」, 1959 (Art and Beauty in the Middle Ages, Yale Univ. Press, 1986) ; 손효주 역, 중세의 미와 미술, 열린책들, 1998.

Eliade, Mircea. 「Das Heilige und das Profane, Vom Wesen des Religiösen」, Hamburg, 1957 ; 이동하 역, 성과 속, 학민사, 1983.

Focillon, Henri. 「Vie des formes」, 1934 ; 강영주 역, 형태의 삶, 학고재, 2001.

Francastel, Pierre, Peinture et Société, 1977 : 안-바롱 옥성 옮김, 미술과 사회, 민음사, 1998.

Frankle, Paul. 「Die Entwicklungsphasen der neueren Baukunst」, 1914, (trans. J. F. O' Gorman, Principal of Architecural History, MIT, 1968) ; 김광현 역, 건축형태의 원리, 기문당, 1989.

Giedion, Sigfrid. 「Space, Time and Architecture」, 1941 ; 최창규 역, 공간, 시간, 건축, 산업도서, 1975.

_ _ _, 「Architektur und das Phänomen des Wandels」, 1969 ; Architecture and the Phenomena of Transition, Harvard, 1971.

Gimpel, Jean. 「Les Bâtisseurs de Cathèdrales」, 1980 (The Cathedral Builders, Harper & Row, 1983) ; 편집부 역, 커디드랄을 지은 사람들, 산업도서, 1981.

Gropius, Walter.「Scope of the Total Architecture」, Collier Books, 1943 ; 최준식 역, 생활공간의 창조, 한국이공학사, 1979.

Guiton, Jacques & Margaret, The Ideas of Le Corbusier, Braziller, 이현식 옮김, 르 코르뷔지에의 사상, 태림문화사, 2002.

Hall, Edward T, , The Silent Language, 1959 ; 정태진 역, 침묵의 언어, 탐구당, 1980.

_ _ _, The Hidden Dimension, 1969 ; 김광문, 박종평 역, 보이지 않은 차원, 형제사, 1976.

Hartmann, Nicolai, 「Ästhetik」, 1953 : 미학, 전원배 옮김, 을유문화사, 1995.

Hearn, M.F. ed., 「The Architectural Theory of Viollet-le-duc」, MIT, 1990.

Hegel, Georg Wilhelm Friedrich. 「Vorlesungen Über die Ästhetik」,1817-27 ; 두행숙 역, 헤겔미학, 나남출판, 1996.

Heidegger, Martin. 「Sein und Zeit」, 1927 ; 소광희 역, 존재와 시간, 경문사, 1995.

_ _ _, 「Bauen, Wohen, Denken」, 1952 ; 건립, 거주, 사유 ; Vorträger und Aufsàtze by Martin

Heidegger, Vortäge und Aufsàtze, J. G. Cotta'sche Buchhandlung Nachfolger GmbH, Studgart ; 1954, 마르틴 하이데거 지음, '강연과 논문.' ; 이기상, 신상희, 박찬국 옮김, 이학사, 2008.

Heisenberg, Werner. 「Physik und Philosophie」, Ullstein, 1990 ; 구승회 역, 하이젠베르그의 물리학과 철학, 온누리, 1993.

Herbert, Robert L. ed., 「The Art Criticism of John Ruskin」, Da Capo, 1964.

Herrmann, Friedrich-Wilhelm von. 「Heideggers Philosophie der Kunst」, Vittorio Klostermann, 1980 ; 이기상 · 강태성 역, 하이데거의 예술철학, 문예출판사,1997.

Herrmann, Wolfgang. 「Gottfried Semper, In Search of Architecture」, MIT, 1984.

Hilberseimer, Ludwig, Groszstadt Architektur, 1927: Contemporary Architectre, Its Roots and Trends, Paul Theobald, Chicago, 1964, 편집부 역, 현대건축의 원류와 동향, 산업도서, 1977.

Hildebrand, von Adolf, 「Das Problem der Form in der bildenden Kunst」, 1893 ; 조창섭, 조형미술의 형식, 민음사, 1989.

Hirschberger, Johannes .「Geschichte der Philosophie」, 1948 ; 강성위 역, 서양철학사, 의문출판사, 1987.

Jammer, Max. 「Concept of Space」, Dover, 1993 : 이경직 옮김, 공간개념, 나남, 2008.

Janson, H. W., 「History of Art, Abrams」, 1962 ; 김연수 외 역, 미술의 역사, 삼성출판사, 1984.

Jarzombek, Mark. 「On Leon Baptista Alberti」, MIT, 1989.

Joedicke, Jürgen. 「Raum und Form in der Architektur」, Karls Krämer Verlag, 1985 ; 윤재희 · 지연순 역, 건축의 공간과 형태, 세진사, 1995.

Kaufmann, Emil. Three Revolutionary Architects, 1952 : 노형래 역, 3인의 혁명적 건축가, CA 현대건축사, 2001.

Kaemmerling, Ekkehard(ed.).「Ikonographie und Ikonologie」, 1979 ; 이한순 · 노두성 · 박지형 · 송혜영 · 홍진경 역, 도상학과 도상해석학, 사계절, 1997.

Kant, Immanuel. 「Kritik der Urteilskraft」, 1790 ; 이석윤 역, 판단력 비판, 박영사, 1988.

_ _ _, 「Die Kritik der reinen Vernunft」, 1782. 순수이성비판, 윤성범 역, 을유문화사, 1983.

_ _ _, Ludwig, Ralf. Kant für Anfänger- Die Kritik der reinen Vernunft, 박종목 옮김, 쉽게 읽는 칸트 순수이성비판, 1999.

Kaufmann, Emil. 「Three Revolutionary Architects」, 1952 ; 노형래 역, 3인의 혁명적 건축가, CA 현대건축사, 2001.

_ _ _,「Architecture in the Age of Reason」,(1955), Dover, 1968.

Kultermann, Udo. 「Kleine Geschichte der Kunsttheorie」, 1987 ; 김문환 역, 예술이론의 역사, 문예출판사, 1997.

Kurft, Hanno-Walter.「Geschichte der Architekturtheorie」, 1985 ; trans. R. Taylor, E. Callander

& A. Wood, A History of Architectural Theory, Princeton, 1994.
Laugier, Marc-Antoine. 「Essai sur l'architecture」, 1753 ; trans. Wolfgang and Anni Herrmann, 「An Essay on Architecture」, Hennessey & Ingalls, 1977.
Le Corbusier. 「Vers une Architecture」, 1923 (Towards a new Architecture, The Architectural Press, 1927) ; 손진 · 천근우 역, 새로운 건축을 향하여, 대건사, 1992.
_ _ _, New World of Space. Reynal & Hitchcock, N.Y. 1948.
_ _ _,「Le Modulor」, 1948 ; trans., P. de Francia and A. Bostock, The Modulor, Harvard, 1954 : 손세욱 · 김경완 옮김, 모듈러, CIR, 2016.
Lefevre, Henri, La production de L'espace, 1974 : 양영란 옮김, 공간의 생산, 에코, 2011.
Lévi - Strauss, Claude, 「La Pensée Sauvage」, 1962 ; 안정남 역, 야생의 사고, 한길사, 1996.
Ludwig Ralf, Kant für Anfänger, Die Kritik der rein Vernunft ; 박종목 역, 서양철학사, 이학사, 1999.
Mendelsohn, Erich, Reflection on new Architecture (1914-17) Structures and Sketches, London, 1924.
Meiss, Pierre von, De la forme au lieu, une introduction à l' ètude de l' architecture, 1993 ; 형태로부터 장소로, 정인하, 여동진 역, 시공문화사, 2000.
_ _ _, The Three Dimension of Architecture, 1952.
Merleau Ponty, Maurice Jean Jacques, La Phénoménologie de la Perception, Paris, 1945. 류의근 옮김, 지각의 현상학, 문학과 지성사, 2002.
Michelis, Panayotis A. Η Αρχιτεκτονική ώς τέχνη, 1940 ; 예술로서의 건축 ; 김진현 옮김, 건축미학, 까치, 2007
Moholy-Nagy, Laszlo. 「Von Material zu Architektur」, Müchen, 1928 ; The New Vision, N.Y., 1928.
Needham, Joseph.「Science and Civilization in China」, Cambridge Univ. Press, 1956 ; 이석호 이철주 · 임정대 · 최임순 역, 중국의 과학과 문명, 을유문화사, 1991.
Nietzsche, Friedrich Wilhelm, Die Geburt der Tragödie, 1872 ; 곽복록 옮김, 비극의 탄생, 범우사, 1984.
Norberg-Schulz, Christian. 「Existance, Space & Architecture」, Praeger,1971 ; 김광현 역, 실존 건축 공간, 태림문화사, 1985.
_ _ _,「Meaning in Western Architecture」, Prager, 1975 ; 정영수 · 윤재희 역, 서양건축의 본질적 의미, 세진사, 1983.
_ _ _,「Genius Loci, Academy Editions」, 1980 ; 민경호 · 배웅규 · 최강림 역, 공간의 혼, 태림문화사, 1996.
_ _ _,「The Concept of Dwelling」, 1985 ; 이재훈 역, 주거의 개념, 태림문화사, 1991.

_ _ _,「Architecture : Meaning and Place」, Rizzoli, 1986 ; 진경돈 · 이정국 역, 건축의 의미와 장소, 미건사, 1994.

Palladio Andrea, Quattro libri dell'architettura, 1570. The Four Books of Architecture, Dover, 1975.

Panaytois, A. Michelis.「Η Αρχιτεκτονική ώς τέχνη, 」, 1940 ; 吉田 鋼市 譯, 建築美學, 南洋堂, 1982.

Panofsky, Erwin. Die Perspecktive als symblische Form, 1927 ; 심철민 옮김, 상징적 형식으로서 원근법, 비(도서출판b), 2014

_ _ _, Gothic Architecture and Scholasticism. 1948 ; 김을 옮김, 고딕건축과 스코라철학, 한길사, 2015.

_ _ _, [Studies in Iconology], 1939 ; 이한순 역, 도상해석학 연구, 시공사, 2002.

Pevsner, Nikolas. An Outline of Europian Architecture, 1943 ; 김복지, 이정임, 정경석, 정인하 역, 유럽 건축사 개관, 태림, 1988.

Rasmussen, Steen Eiler. Experiencing Architecture, 1962 ; 윤일주 역, 야정문화사, 건축예술의 체득. 1979.

Read, Herbert. Icon and Idea, 1949 ; 김병익 역, 도상과 사상, 열화당, 1982.

Rovelli, Carlo. La realà non è come ci appare, 2014 : 김정훈 옮김, 보이는 세상은 실재가 아니다. 쌤 앤 파커스, 2018.

Ruskin, John. 「The Seven Lamps of Architecture(1880)」, Dover, 1989 ; 현미정 옮김, 건축의 일곱 등불, 마로니에북스, 2012.

Schopenhauer, Arther. Die Welt Als Wille und Vorstellung, 1819 ; 홍성광 옮김, 의지와 표상으로서의 세계, 을유문화사, 2009.

Scott, Geoffery .「The Architecture of Humanism(1914)」, Norton, 1974.

Scruton, Roger.「The Aesthetics of Architecture」, Princeton Univ., 1979 ; 김경수 역, 건축미학, 서광사, 1986.

Scully, Vincent, Frank Lloyd Wright, Braziller, N. Y. 1960.

_ _ _, 「The Earth, The Temple and The Gods」, Yale, 1963.

Sedlmayr, Hans. 「Verlust der Mitt」, 1948 ; 박래경 역, 중심의 상실, 문예출판사, 2002.

Sitte, Camilo. 「Städtebau nach seiner kunstlerischen Grundsätzen」, 1889 ; 손세욱 · 구시온 역, 도시 건축 미학, 태림문화사, 2000.

Sörgel, Hermann. Einfhrung in die Architektur-Ästhetik, 1918 : 吉岡健二郎 譯 中央公論美術出版 平成 15

Spengler, Oswald.「Der Untergang des Abendlandes」, 1918 ; 박광순 역, 서구의 몰락, 범우사, 1995.

Strosberg, Eliane.「Art and Science, UNESCO」, 1999 ; 김승윤 역, 예술과 과학, 을류문화사, 2001.

Tuan, Yi-Fu. Space and Place, Univ. Minesota, 1977 ; 정영철 역, 공간과 장소, 태림문화사, 1995.

Van de Ven, Cornelis. 「Space in Architecture」, Van Gorcum, Assen, 1980 ; 고성룡 역, 건축의 공간개념, 씨아이알, 2019.

Viollet-le-Duc, Eugène-Emanuel, Entretiens sur l'architecture tombe 1-2, Paris, 1863-72 ; 정유경 옮김, 건축강의, 아키넷, 2015.

Vitruvius Pollio, Marcus, The Ten Books on Architecture, 모리스 하키 모건 편저 오성덕 역, 기문당, 2011.

Watkin, David. 「The Rise of Architectural History」, Univ. of Chicago, 1981 ; 우동선 역, 건축사학사, 시공사, 1997.

Wertheimer, Margaret.「The Pearly Gates of Cyberspace」, Norton, 1999 ; 박인찬 역, 공간의 역사, 생각의 나무, 2002.

Whitehead, Alfred North. Process and Reality, 1929. 과정과 실재, 오영환 옮김, 민음사, 1978.

Winckelmann, Johann Jochaim. 「Gedanken über die Nachahmung der griechischen Werke in der Malerei und Bildhauserkunst」, 1755 ; 민주식 역, 그리스 미술 모방론, 이론과 실천, 1995.

Wittkower, Rudolf. 「Architectural Principles in the Age of Humanism」, Norton, 1971 ; 이대암 역, 르네상스건축의 원리, 대우출판사, 1997.

Wright, Frank Lloyd.「A Testament」, Horizon, New York, 1957.

Wölfflin, Heinrich.「Kunstgeschichtliche Grundbegriffe」, 1915 ; 박지형 역, 미술사의 기초개념, 시공사, 1994.

_ _ _,「Die Klassische Kunst」, 1898 ; 안인희 역, 르네상스의 미술, 휴머니스트, 2002.

_ _ _,「Renaissnce und Barock」, 1888 ; trans. Kathrin Simon, Renaissance and Baroque, Cornell, 1966.

Zevi, Bruno.「Spaper vedere l' architettura」, 1948(Architectur as Space, Horizon, 1957) ; 강혁 역, 공간으로서의 건축, 집문사, 1989.

森田慶一, 建築論, 東海大, 1978 ; 양광용 역, 건축론, 동명사, 1985.

井上充夫, 建築美論, 鹿島, 1991 ; 임영배 · 신태양 역, 건축미론, 국제, 1994.

上松佑二, 建築空間論, 早稲田大學, 1997 ; 이두열 역, 건축공간의 미학, 현대건축사, 2000.

山田慶兒, 朱子の自然學, 1977 ; 김석근 옮김, 朱子의 自然學, 통나무, 1991.

김상일, 화이트헤드와 동양철학, 서광사, 1993.

김용옥, 노자와 21세기, 톤나무, 1999.

김재희 편, 신과학 산책, 김영사, 1994.

임두원, 아리스토텔레스의 자연학 읽기, 부크크, 2015.
조요한, 韓國美의 照明, 열화당, 1999.
최창조, 한국의 풍수사상, 민음사, 1984.
한자경, 불교철학과 현대윤리의 만남 : 청계, 2001.
대한건축학회편, 건축공간론, 건축학회 전서, 기문당 2003.

찾아보기

저자소개

· 서울대학교 건축공학과 졸업 후 수련을 거쳐 실무를 수행하며, 동대학원에서 석사와 박사학위를 받았다.
· 경희대학교 건축공학과 교수로 재직하며 공대학장과 부총장을 역임하였으며, 지금은 명예교수이기도 하다.
· 그리스 아테네 공대 건축학과에서 그리스 고전건축을 탐구하였고 미국 예일대학과 버클리대학 건축학과에서 연구활동을 하였다. 한편 미국 인디애나주 먼시 명예시민으로 추대되었다.

건축공간의 이해

:: 2024년 12월 17일 1쇄 발행

:: 저자 | 조창한

:: 발행인 | 김기현
:: 발행처 | Spacetime · 시공문화사
:: 등록 | 1993.3.12 제 1-1493
:: 인쇄 | 에코프린트
:: 제본 | 보경문화사
:: 용지 | (주) 대림지업사

:: 03733 서울시 서대문구 독립문공원길 13 극동프라자 5층
:: 전화 02-3147-1212 · 2323 | 팩스 02-3147-2626
:: spacetime@korea.com | www.spacetime.co.kr
:: ISBN 978-89-5592-485-5

정가 15,000원